洪水风险管理
策略及其治理

[瑞典]Tom Raadgever（拉格弗）

[荷兰]Dries Hegger（赫格尔）　著

孙厚才　董林垚　胡波　范仲杰　译

U0238222

中国水利水电出版社
www.waterpub.com.cn

·北京·

内 容 提 要

本书介绍了洪水风险管理领域的前沿知识,本书主要包含两部分内容:第一部分介绍了比利时、英国、法国、荷兰、波兰和瑞典六国在洪水风险管理和治理领域内获得的经验,根据不同情况,采取不同治理策略;第二部分介绍了研究项目的核心结论如何转化为先进的操作办法,以及如何贯彻落实洪水策略和其他治理事宜的行动方法。

本书可供业内决策者、从业人员以及科研人员参考借鉴。

First published in English under the title
Flood Risk Management Strategies and Governance
edited by Tom Raadgever and Dries Hegger,edition:1
Copyright © Springer International Publishing AG,2018*
This edition has been translated and published under licence from
Springer Nature Switzerland AG..
Springer Nature Switzerland AG. takes no responsibility and shall not be made liable
for the accuracy of the translation.

北京市版权局著作权合同登记号为:图字 01-2019-5814

图书在版编目(CIP)数据

洪水风险管理策略及其治理 / (瑞典)拉格弗,(荷)
赫格尔著;孙厚才等译. -- 北京 : 中国水利水电出版
社,2019.12
　　书名原文: Flood Risk Management Strategies and
Governance
　　ISBN 978-7-5170-8183-8

　　Ⅰ. ①洪… Ⅱ. ①拉… ②赫… ③孙… Ⅲ. ①洪水－
水灾－风险管理 Ⅳ. ①P426.616

中国版本图书馆CIP数据核字(2019)第254345号

书　名	**洪水风险管理策略及其治理** HONGSHUI FENGXIAN GUANLI CELÜE JI QI ZHILI	
作　者	[瑞典] Tom Raadgever(拉格弗) [荷兰] Dries Hegger(赫格尔)	著
译　者	孙厚才　董林垚　胡　波　范仲杰　译	
出版发行	中国水利水电出版社 (北京市海淀区玉渊潭南路1号D座　100038) 网址:www.waterpub.com.cn E-mail:sales@waterpub.com.cn 电话:(010)68367658(营销中心)	
经　售	北京科水图书销售中心(零售) 电话:(010)88383994、63202643、68545874 全国各地新华书店和相关出版物销售网点	
排　版	中国水利水电出版社微机排版中心	
印　刷	北京瑞斯通印务发展有限公司	
规　格	184mm×260mm　16开本　9.25印张　225千字	
版　次	2019年12月第1版　2019年12月第1次印刷	
定　价	**68.00**元	

原著作者

第一部分主要作者

Dries L. T. Hegger　德赖斯·赫格尔

Peter P. J. Driessen　彼得·德赖森

Marloes H. N. Bakker　马洛斯·巴克

第二部分主要作者

G. T. （Tom） Raadgever　汤姆·拉格弗

Nikéh Booister　尼克·布斯特

Martijn K. Steenstra　马蒂金·斯廷斯特拉

其他作者

Meghan Alexander　梅根·亚历山大

Jean-Christophe Beyers　琼-克里斯托夫·拜尔斯

Jan van den Bossche　简·范·登·博世

Anoeska Buijze　阿内斯卡·布依泽

Silvia Bruzzone　西尔维娅·布鲁佐恩

Adam Choryński　亚当·乔里斯基

Ann Crabbé　安·克拉布

Kurt Deketelaere　库尔特·德克泰莱尔

Bram Delvaux　布拉姆·德尔沃

Carel Dieperink　卡莱尔·迪佩林克

Willemijn van Doorn-Hoekveld　威勒米金·范·杜尔恩-霍克韦尔德

Kristina Ek　克里斯蒂娜·埃克

Marie Fournier　玛丽·福尼尔

Wessel Ganzevoort　韦塞尔·甘兹沃特

Herman Kasper Gilissen　赫尔曼·卡斯珀·吉利森

Susana Goytia Casermeiro　苏珊娜·戈伊蒂娅·凯瑟米罗

Mathilde Gralepois　马蒂尔德·格雷普瓦

Colin Green　科林·格林

Marlous van Herten　马洛斯·范·赫滕

Stephen Homewood　斯蒂芬·霍姆伍德

Julien Jadot　朱利恩·杰多特

Maria Kaufmann　玛丽亚·考夫曼

Wojciech Kiewisz　沃伊切赫·基威兹

Zbigniew W. Kundzewicz　兹比格纽·昆泽维奇

Corinne Larrue　科琳娜·拉鲁

Lisa Lévy　利萨·利维

Jakub Lewandowski　雅库布·柳安多夫斯基

Doug Lewis　道格·刘易斯

Duncan Liefferink　邓肯·利弗林克

Corinne Manson　科琳娜·曼森

Piotr Matczak　彼得·马特扎克

Hannelore Mees　汉娜洛尔·米斯

Ana Paula Micou　安娜·葆拉·米库

Fredrik Ohls　弗雷德里克·奥尔斯

Dennis Parker　丹尼斯·帕克

Maria Pettersson　玛丽亚·彼得森

Sally Priest　萨莉·普里斯特

Marleen van Rijswick　玛琳·范·里斯威克

Thomas Schellenberger　托马斯·舍伦贝格尔

Nico van der Schuit　尼科·范·德·舒伊特

Elin Spegel　埃琳·斯皮格尔

Cathy Suykens　凯茜·苏伊肯斯

Malgorzata Szwed　马尔戈扎塔·斯韦德

Sue Tapsell　休·塔普塞尔

Thomas Thuillier　托马斯·特威利尔

Jean-Baptiste Trémorin　琼-巴普蒂斯特·特里莫林

Mark Wiering　马克·威灵

声明

STAR-FLOOD 项目合伙人以及以任何方式参与 STAR-FLOOD 项目的合作者都为本书做出了贡献，在此本书作者向他们表示感谢。本书以该项目所有工作包含的研究成果为依据。

欧盟第七框架计划根据 STAR-FLOOD 项目的预算，为该综合项目提供经费，拨款合同号为 308364。本书中引述的所有研究成果都离不开欧盟第七框架计划的支持。

本书内容仅代表作者个人观点，不代表欧盟的立场。本书编写过程中使用的数据未必全部来自 STAR-FLOOD 项目联合体。如果有任何第三方因为上述数据中的错误或失实而遭受损失，联合体成员不承担任何责任。本书中提供的信息仅供读者参考，至于这些信息是否适用，是否能实现特定的目标，本书并未做出任何担保或保证。读者在使用这些信息时，必须自行承担所有风险，欧盟和 STAR-FLOOD 项目的任何成员对书中信息的使用不承担任何责任。

推荐语

　　作为 STAR-FLOOD 项目的协调员，我自豪地向读者推荐这本书。我深信，研究人员、决策者、非政府组织、顾问以及其他利益相关方之间的合作是提高洪水风险管理水平的关键因素。为了增强欧洲的抗洪能力，我们必须通力协作！

　　本书第一部分介绍了欧盟第七框架计划中 STAR-FLOOD 项目（www. starflood. eu）的主要研究成果和结论。该项目调查研究了欧洲六国（比利时、英国、法国、荷兰、波兰和瑞典）18 个洪水多发城区的洪水风险管理策略。STAR-FLOOD 项目从公共管理和法律制度相结合的角度出发，重点考察洪水治理状况。

　　本书第二部分则向洪水风险管理决策者和从业人员建言献策。作者提出了一个核心问题：在落实广泛的综合性洪水风险管理方针时，为什么组织结构或治理模式如此重要？作者给出了建议，介绍了先进的操作方法，能让读者深受启发，并鼓励他们因地制宜，探索出更适用、更高效的治水思路和方法。

　　我希望读者能喜欢本书，能够从中获益，在各自的专业领域内灵活运用 STAR-FLOOD 项目提出的建议！

荷兰乌特勒支省

乌特勒支大学

环境治理学教授

STAR-FLOOD 项目协调员

彼得·德赖森

作为多德雷赫特市政水项目专员，我采用新的方式帮助一个极易遭受洪灾的城市（该市四周都是大型水道）实现抗灾自救。在此过程中，不仅需要最先进的技术理念和手段，用智能方式把洪水防御、撤退路线、避难所等要素结合在一起，还需要远见卓识，才能推动洪水治理改革。期间，荷兰各主管部门和研究院成功合作。三角洲计划提供了合作平台。同时，我们还加盟了一系列欧洲项目，并借此机会交流经验。我个人认为，科学和政策之间，不同城市和地区之间的交流是优化洪水风险管理的重要因素。因此，看到这本从业人员指南出版，我很高兴，也希望它能够给许多人带来启发。

多德雷赫特市政水项目专员
艾伦·凯尔德

序

　　一直以来，科学家、决策者和洪水风险管理"从业人员"在探讨治水策略的时候，给人们留下了这样的印象：由于缺乏交流，科学家、决策者和从业人员不了解对方的专业知识和预期目标，各自为政，各行其是。这其实不是新观点，早在 20 世纪 90 年代之前，人们就提出了这个问题。2000 年，欧盟正式通过《水框架指令》（WFD）；2007 年，《洪水指令》出台。在此期间，人们逐步达成共识：为实现有效治理，控制洪水风险，在制定政策的过程中，无论哪一个步骤（规划、谈判、实施）都需要各方交换意见，充分了解对方领域内的科学知识。但是，邀请科学家、从业人员和决策者聚在一起，向他们提出一些貌似简单直接的问题，比如，"我们掌握了哪些科学知识？如何运用这些知识进行论证，确保政策对路，方向正确？"与会人员往往会争论不休，因为在考察管理和操作问题的时候，他们的思维方式各不相同。

　　洪水综合治理系统需要来自不同专业领域的执行方展开互动，但显然他们很难直接沟通，他们需要"中介"才能有效合作，共同进步。早在《水框架指令》统一实施战略（WFD，Common Implementation Strategy）工作组刚刚开始运转的时候，这一现象就已经相当突出。

　　2004 年，FLOOD-site 项目出台，为《洪水指令》的谈判环节提供（部分）知识依据。自那时开始，人们就特别注重交流，努力营造开放合作的文化氛围。之后，STAR-FLOOD 项目启动，其覆盖范围更广，旨在制定并实施灵活高效的洪水治理策略，其他一系列方案应运而生，意在攻克洪水风险管理过程中的难题，如气候变化对洪水风险的影响、闪洪、城市环境中的洪水防治等。

由来自不同专业的执行方（科学家、决策者、洪水风险管理从业人员）构成的工作小组具有"人和"优势，能够在贯彻落实政策的过程中综合运用科学知识。《洪水指令》包含不同的技术步骤，它本身就和《水框架指令》中的河流流域管理规划内容密切相关。为顺利实施《洪水指令》，相关执行方必须精诚合作，综合利用各领域内的科学知识。《洪水指令》涉及的专业分别是风险评估和制图、监测、行动方案的规划和实施。目前，在政策讨论过程中，由于纳入了对气候变化因素的考量，新一代的河流流域管理规划可能具有"全天候"特征，这也成为新的攻关课题。

由于城市化以及气候变化的影响，欧洲大陆上的洪水风险日趋严重——这已经是众所周知的事实。《洪水指令》为欧盟提供了管理各种新老洪水风险的指导性法规，但是欧盟各国在制定具体的洪水风险管理策略过程中依然缺乏切实有效的交流和互动——尽管《水框架指令》统一实施战略工作组努力推动信息共享。有鉴于此，对 STAR-FLOOD 项目开展广泛的评估，分析比较比利时、英国、法国、荷兰、波兰和瑞典这六个国家的洪水治理状况，从中汲取可供各国学习借鉴的经验教训，以实现更灵活高效的洪水治理。本书旨在介绍 STAR-FLOOD 项目的研究成果。参与本书编写的各位专家具有不同的专业背景——涉及洪水治理工作的方方面面，他们有的是科研人员，有的是洪水风险管理从业人员，有的则是决策者，所以他们从不同角度出发，阐述各种观点。

本书第一部分介绍六国（比利时、英国、法国、荷兰、波兰和瑞典）在洪水风险管理和治理领域内获得的经验，探讨落实分权原则的方式方法，即在贯彻实施《洪水指令》的过程中，因地制宜，根据各个国家、各个地区的具体情况，采用不同的洪水风险管理和治理策略。与此同时，在吸纳公共和私营执行方共同参与洪水治理时，也应该集思广益，采用不同的方法。此外，作者还深入探讨了应该如何在《洪水指令》框架之内，优化洪水治理策略。

STAR-FLOOD 项目吸收各国经验，从三种标准（抗洪能力、资源效率和合法性）入手，评估各国的洪水风险管理状况。本书指出，尽管洪水风险管理策略和三种标准密切相关，但未必是增强系统抗洪能力的充分条件。本书还深入研究了科学界和利益相关方之间的互动，总结出和抗洪能力以及洪水治理相关的建议。

本书第二部分将该项目的核心结论转化为先进操作方法和建议，供决策者和从业人员使用，其中包括针对不同类型洪水应采用的洪水风险管理方法、更有效的洪灾准备措施（包括但不限于防洪工程），负责贯彻落实洪水策略和其他治理事宜的各行动方的参与和互动。

总之，本书介绍了洪水风险管理领域的前沿知识，这些知识具有高度的实用性和时效性，可供业内决策者、从业人员以及科研人员参考借鉴。

安全创新和产业
移民和内政事务总司
欧洲理事会
研究规划和政策专员
菲利普·奎沃维尔博士

前言

由于城市化和气候变化的影响，欧洲国家面临越来越严重的洪水风险。因此，许多国家尝试采用更加灵活多样的洪水风险管理策略。除了加强防洪工程建设，其他防患于未然的控制策略也成为重要议题，比如空间规划、洪灾缓解、洪灾准备和恢复等。欧盟第七框架计划中的 STAR-FLOOD 项目（2012—2016 年）重点研究洪水风险管理策略多样化发展过程中的治理问题。该项目对六国（比利时、英国、法国、荷兰、波兰和瑞典）的洪水治理状况开展比较性评估，试图总结出灵活、高效、适当的洪水治理规划原则。

本书第一部分（第 1 章～第 6 章）从研究人员的视角出发，解读项目的主要调查结果。第二部分则是为洪水风险管理从业人员编写的操作指南，这部分记述了洪水治理领域内的常见难题和与之相应的先进操作方法。

尽管六国都致力于推动洪水风险管理策略组合多样化，但是他们采用的途径有显著的区别。在荷兰、波兰、法国和比利时，洪水治理人员试图打造后备层，以备不时之需。英国 65 年来一直以多样化为指导方向，而瑞典由于担忧气候变化，刚刚登上多样化发展之路。在大多数国家，和政策计划书中描绘的宏图以及专家提出的意向相比，多样化策略的实际贯彻和落实状况滞后。本书第 2 章探讨了促进多样化发展的种种动力，也分析了阻碍多样化政策落实的相关因素。

在多样化发展过程中，势必会有更多形形色色的公共和私营执行方、各级政府、各主管部门参与洪水治理。这又会带来条块分割的难题。本书第 3 章指出，为解决这一难题，必须引进桥接程序和机制。一方面，更多的公共和私营执行方应当参与洪水治理，并且承担更多的责任；另一方面，需要引进多层级治理模式，确保在交接财政和行政任务的同时，完成权力和资源的正式交接。

多样化还会激发规则的动态变化。但是，有时候会出现无法可依的现象，在特定策略尚未广泛实施的时候，这种现象尤其突出。本书第 4 章评述此类规则，并举出多项实例，其中包括《洪水指令》，本章对该指令的基本逻辑和方法予以肯定，同时也指出了它的不足之处。本章还列举出六国现有的各类必要资源（包括财政和其他资源），并就如何高效使用这些资源提出建议。

在本书第 5 章，我们对抗洪能力、效率和合法性等开展评估，并汇报结果。洪水风险管理策略多样化是提高抗洪能力的必要先决条件，并非充分条件。我们发现，某些国家加大社会成本效益分析方法的运用力度，成功提高了资源效率；但是另外一些国家在追求效率的过程中却犯了技术至上的错误。就合法性而言，六国在信息获取渠道和透明度、程序正义和问责制等方面的表现都可圈可点。不足之处则体现在社会公平标准，公共参与度以及可接受性等方面。

第 6 章首先分析 STAR-FLOOD 选取的研究方法的优缺点，然后得出结论：以后开展欧洲项目时，科学界人士和各利益相关方都应该更积极踊跃地进行互动。本章还探讨了从项目中总结的治理规划原则。这些原则涉及洪水治理的过程和结果。本章逐条介绍这些原则，并详细地解释说明：遵守这些原则，也许能在抗洪能力、资源效率和合法性等方面取得最优成果。

本书第二部分（第 7 章～第 13 章）将项目的核心结论转化为先进操作方法和建议，供决策者和业内人士参考。第 7 章强调，洪水风险管理是欧洲的紧急任务，因为在这里，洪灾位居自然风险之首。尽管六国的洪水类型、洪水发生概率及其潜在后果不尽相同，但是可以说，所有的国家都应该优化洪水风险管理，以应对越来越严重的风险。

尽管欧洲一直保持着注重防洪工程策略的传统，但是现在，业内逐渐达成共识：洪灾准备也很重要。灵活采用多种策略，能够减少牺牲，降低社会、经济、环境和文化损失，并提高洪灾过后的恢复能力。但是，并不存在"放诸四海而皆准"的解决方案。在制定策略组合时，不仅应充分考虑实际条件和社会环境，还必须以社会和政治事务的轻重缓急为依据。可以依据洪水风险管理的三种标准对策略进行评估，即抗洪能力、资源效率和合法性（参见第 8 章）。

第 9 章的主旨是，为确保洪水风险管理策略的顺利实施，必须有健全的组织结构或治理模式。其中：一是相关执行方应承担责任，并通力协作，以贯彻落实各项策略；二是这些策略应融入执行方的话语之中；三是必须有正式和非正式的规则保障策略的实施；四是执行方必须掌握必要的权力和资源。这些治理要素必须发挥协同作用。为改善治理效果，执行方往往必须在互联互通的组织架构中采用非线性程序开展工作。因此，最终的成功需要不懈的努力、多次的反复、持续的沟通，以及能力的培养。

第 10 章～第 13 章介绍与洪水风险管理周期内四项主题（或称四步骤）相关的难题和先进操作方法——这些并非个案，针对六个国家的研究表明，它们具有普遍性和通用性。

快速参考图列出了所有获得认可的先进操作方法，图中还包括与这些先进操作方法相对应的其他信息：国家以及它们的洪水风险管理策略、治理要素和终极目标。

目录

第二部分　从业人员指南洪水治理启示录

第一部分

抗洪能力、效率和合法性调研结论 欧洲洪水治理

德赖斯·赫格尔，彼得·德赖森和马洛斯·巴克

第1章

欧 洲 洪 水 治 理 调 研

德赖斯·赫格尔，彼得·德赖森和马洛斯·巴克

1.1 欧洲洪水治理

由于城市化和气候变化的影响，欧洲国家面临着日益严峻的洪水风险，城区险情尤其突出。（阿尔菲里等，2015；昆泽维奇等，2017；温斯米厄斯等，2015）。在欧洲，洪灾是最常见的自然灾害，它造成的经济损失最严重，人员伤亡也最多（古哈·萨皮尔等，2013）。欧洲所有国家都存在洪水风险，这也是洪灾和其他自然灾害的不同之处。2000—2005 年间，欧洲发生了 9 次重大洪灾，共有 155 人伤亡，经济损失超过 350 亿欧元（巴雷多，2007）。2013 年中欧洪灾造成 25 人伤亡，经济损失达 150 亿美元（数据来自慕尼黑再保险集团）。2013 年至 2014 年冬季，英国发生洪灾，共 5000 户房屋被淹，17 人伤亡，经济损失超过 20 亿英镑。

2015 年 10 月，法国里维埃拉地区遭受重大洪灾，至少 19 人伤亡，经济损失惨重。近年来灾情频发，这表明：洪水风险不容忽视，社区抗洪能力亟待提高。

为了增强城市共同体的抗洪能力，应力求洪水风险管理策略多样化，增加策略的协调性和协同性，如通过落实洪水预防（以空间规划为手段，防水患于未然）、洪水防御、洪灾缓解、洪灾准备和修复等策略，实现抗洪目标——这逐渐成为洪水风险管理领域内的共识（阿尔茨等，2008；赫格尔等，2014，2016；依诺森蒂和阿尔布里托，2011；范·登·布林克等，2011；沃德克等，2010；韦塞林克等，2015）。洪水风险管理策略多样化也是欧盟《洪水指令》中一条重要的指导纲领。专家指出，为了实现多样化，必须采用新的洪水治理部署方式，这将有益于策略的贯彻落实。

此外，为实现洪水风险管理策略多样化，还必须改革现有部署方式，增加策略之间的连通性和协同性（赫格尔等，2014）。许多国家开始谋求多样化发展，而且取得了不同程度的成效。有些国家则一直坚持多样化道路，英国就是如此，历经 65 年的多样化发展之后，各类洪水风险管理策略日趋成熟，而且洪水管理主管部门认为，在全国范围内，这些策略同样重要，不可偏废。

在本书各章节中，将用大量实例证明，在提高社区抗洪能力方面，被公认为高效、合法的洪水治理才是重中之重。专家认为，洪水风险管理策略的有效实施是增强抗洪能力的必要的先决条件。如何促进洪水治理改革，确保它高效、合法，而且能提高社区抗洪能力？为了回答这个问题，必须先考察洪水治理演进史。历史总是给人以启示：如何推动变革，哪里蕴藏契机，哪里存在障碍。本书以 STAR-FLOOD 项目调查结果为依据，这些结果显示，比利时、英国、法国、荷兰、波兰和瑞典都在努力促进洪水风险管理策略的多样化和协同化，但是所获成效各不相同（赫格尔等，2016）。通过国家间的比较，不难发现持续促进多样化的动力以及阻碍多样化的因素。此外，为实现上述三个目标（抗洪能力、高效和合法性），还必须满足两个重要条件：其一，必须建立桥接程序和机制，确保各项洪水风险管理策略、相关执行方、规则和部门之内及之间联系紧密，协调一致；其二，应吸引更多的私营执行方和公民参与洪水治理（威灵等，2017；吉利森等，2016）。本书评估了欧盟以及各国家和各地区级别的现行政策和法律系统，不仅分析了它们的优点，也指出了其不足。本书概括介绍了欧盟第七框架计划 STAR-FLOOD 项目的核心结论和建议，旨在利用这些知识，帮助洪水治理部门制定规划原则，进一步完善欧盟及其各成员国、地区主管部门以及公私合伙企业等各级机构的洪水风险管理政策和法律法规。

1.2　从治理角度研究洪水风险管理的现实意义

长期以来，洪水风险研究领域内，自然和技术科学视角一直占据主导地位。欧盟在拟定《洪水指令》的过程中，主要以 2002—2007 年第六框架计划下各科研项目的结果为依据（昆泽维奇等，2017）。其中，FLOOD-site 项目更是为 2007 年发布的指令文本提供了科学基础。之后的几项调研提供了新知识，如 WATCH 项目调查气候变化的影响，CIRCE 项目则重点考察地中海地区，评估气候变化的影响。2007—2013 年的第七框架计划中，政策落实问题成为重点课题，如 IMPRINTS 项目研究如何改进闪洪预警系统，CORFU 项目则详细分析抗洪能力这一概念（奎沃维尔，2011）。为与洪水相关的政策和社会需求提供支持的研究项目进行了很多，由欧洲委员会投资的综合项目总览如图 1.1 所示。

之前的欧洲项目还研究了如下课题：提高建筑环境安全性的技术（FLOODprobe/SMARTeST）；自然灾害的成本（ConHaz）；多灾害易损性综合评估（ENSURE）；培养社会能力（CapHaz-Net）；不确定条件下的适应性水管理模式（NeWater）；应急管理（UrbanFlood）；风险评估；未来场景和技术举措（IRMA SPONG、EFLOOD-site 和 HYDRATE）。尽管有些项目在研究过程中采用了社会—科学综合视角，但是，采用这种综合视角比较研究欧洲洪水风险管理制度和法律的项目非常少，且不成体系，范围狭窄，往往止步于国情调研。

显然，洪水治理研究存在巨大空白——研究人员严重缺乏公共行政管理和法律领域的

FP6

FLOODsite:
水患综合分析和
控制方法

为《洪水指令》的拟定做出
直接贡献

WATCH
水和全球变化

研究气候变化对极端洪水的影
响，传播知识

地区范围内综合治
理案例研究

CIRCE:
气候变化和影响：地中海
环境

IMPRINTS:
闪洪和泥石流灾害的准备和风险控制

CORFU:
城区抗洪能力合作研究

FP7

STAR-FLOOD项目：
以灵活高效的水患治理为目标

FLOODPROBE:
建筑环境防洪规划技术

图 1.1　由欧洲委员会投资的综合项目总览（来源：菲利普·奎沃维尔）

专业知识。洪水风险管理不仅仅是技术问题，防洪工程建设和洪水预警系统的开发也是其中的两个部分。为优化洪水风险管理，必须提高政府和非政府执行方的积极性，鼓励他们相互合作并取得成果；必须有完备的法律、经济和沟通机制，确保相关政策部门之间，各管理层级之间联系紧密，沟通顺畅；必须提高社会团体的风险意识，并且激发社区讨论：展望未来，并思考实现未来愿景的转化途径（德赖森等，2016）。面临城市化和气候变化的挑战，为了提高城市的抗洪能力，应该开展以治理为视角的研究，它会带来新的启示（赫格尔等，2014；迪佩林克等，2016）。这种研究考察政府执行方的合作能力，检验政策机制是否到位并有效。这种研究让人们了解到，必须引进桥接机制，确保策略制定方、执行方、各层级和部门等各个要素能够有机融合，形成高效的综合系统。这种研究还可能激发社会讨论，推动制度大环境的变革。变革可能需要特定的资源（财政和知识资源）；还需要法律沿革和/或协调，以确保职责划分明确清晰；相关的法律框架也不可或缺，否则无法成功贯彻并强制执行新的洪水风险管理策略和纲领。但是，在变革过程中必须坚守社会规范，维护传统价值观和原则，其中包括有效性、合法性、社会公平、透明度、分权制和效率（德赖森等，2016）。对于那些有志于推动洪水风险管理策略多样化以加强城市防洪能力的非政府执行方而言，洪水治理研究具有重要的现实意义，因为他们需要了解治理难题，并明辨可能帮助他们解决这些难题的有利条件。

　　要实现洪水风险管理目标，增强社会抗洪能力，必须抓住治理这一关键问题。适应性治理文献（查芬等，2014：64）清晰地表达了这一观点："地球环境迅速变化，情况更加复杂，不确定因素更多，为了应对这样的局面，必须采用适应性治理模式。应该对社会生态系统实施综合管理，要么增强它应对不利变化的能力，要么改善系统，让它达到较理想的状态。"研究表明，适应性治理是实现适应性管理的先决条件，在这种管理模式下，"社会生态系统能够'边做边学'，通过合作得以在不利条件下存续，避免崩溃，同时增强系统的应变能力，以适应不断变化的环境"（登艾尔和德赖森，2015：189）。根据这种观点，适应性是保持系统灵活高效的先决条件，而应对变化才是核心能力。适应性治理文献往往强调，通过一系列途径或采取一系列策略，能够增强系统的抗灾能力。专家学者指出，治理策略应具备多样化、多中心以及灵活性等特征（福克等，2005；帕尔·沃斯尔等，2007）。

　　和其他与水有关的难题一样，没有所谓的"万能解决方案"去化解在洪水治理过程中的困难（德赖森等，2016；威灵等，2017）。但是，STAR-FLOOD项目介绍洪水治理方法，解释并评估这些方法，并在此基础上提出在不同背景下优化洪水治理的规划原则和条件。研究人员不仅提供与治理方法相关的新知识，而且有理由提出第二个与策略适当性相关的初始假设：为了在特定地区贯彻落实灵活、多样、高效的洪水风险管理综合策略（要做到新旧策略相结合，不同策略相协调），考虑到实际和社会环境中的机遇和限制条件，必须满足参与治理的执行方认为这些策略高效、合法、可发挥协同作用的条件，因此这些策略能成功地演变为制度，获得普遍认可。

　　STAR-FLOOD项目不仅充实了洪水风险管理的相关法律文献，而且为提升洪水治理水平做出了切实的贡献。它的核心内容如下：

　　（1）推动和阻碍洪水风险管理策略多样化的因素（阿尔茨等，2008；赫格尔等，2014；依诺森蒂和阿尔布里托，2011；范·登·布林克等，2011；沃德克等，2010；韦塞林克等，2015）。

　　（2）策略必须相互协调，而且能发挥协同作用，桥接机制很重要（吉利森等，2015；科斯肯尼米和莱奥，2002；里杰克等，2013；Voß等，2007）。

　　（3）不同国家洪水治理部署和部署分支的特征，其中重要的相似点和不同点（布贝克等，2015；威灵等，2017）。

　　（4）《洪水指令》在欧洲六国的贯彻和实施（哈特曼和德赖森，2017；普利斯特等，2016）。

　　（5）洪水风险管理和空间规划之间的必要关系，洪水风险管理和应急管理之间的必要关系（哈特曼和德赖森，2017；吉利森等，2015；科伦和赫尔斯洛特，2014）。

　　（6）如何详细分析洪水领域内与社会生态抗灾能力以及促进和阻碍抗洪能力发展的因素相关的文献（亚历山大等，2016a；赫格尔等，2016；福克，2006；克利金等，2008；曼斯等，2011）。

　　（7）正式规则和规章的实施，以及法律确定性和灵活性之间的矛盾（范·里兹威克和哈沃克斯，2012；戈伊蒂娅等，2016）。

　　（8）公共和私营相关方的职责划分（公私划分）（梅吉林克和迪克，2008；伦哈尔等，2014；米斯等，2014；米斯等，2016a）公共行政管理人员和法律专家携手合作，加盟STAR-FLOOD项目如图1.2所示。

图 1.2 公共行政管理人员和法律专家携手合作，加盟 STAR-FLOOD 项目

1.3 研究目标和问题

STAR-FLOOD 项目提出的主要研究问题是："为了应对欧洲易受损城市群面临的洪水风险，应该怎样做才能确保洪水治理部署既灵活高效，又适当合理？"本书各章节将分别介绍这一问题的答案。通过调研，STAR-FLOOD 项目尝试寻找优化或革新现有洪水治理部署，提高社会抗洪能力的方法。为此，项目对治理部署现状进行评估，解答一系列问题，包括现有的治理部署是支持还是限制了洪水风险管理策略的多样化，这种支持和/或限制分别达到了什么样的程度，洪水风险管理策略的多样化又在多大程度上提高了社会的抗洪能力等。分析抗洪能力，抗灾能力联盟采纳的定义最为详尽："它指社会生态系统吸收或承受扰动和其他应激因素，保持其机制不变，基本结构巩固，并维持正常运行的能力。作为能力指标，它反映系统能够自我组织、学习并调节的程度。"（https：//www.resalliance.org/resilience）。具体运用于洪水治理领域时，这个定义包含了具有重要意义的多项抗洪能力，即阻抗洪水的能力、吸收洪水的能力、洪灾之后的恢复能力，以及适应调节能力，包括学习、改进和实验的能力等。具备了适应调节能力，才能更好地应对未来可能发生的洪水。（克利金等，2008；廖，2012；曼斯等，2011）。

研究过程中，STAR-FLOOD 提出并求证两个初始假设：

STAR-FLOOD 项目的初始假设

假设 1：

如果同时实施多种洪水风险管理策略，而且这些策略能发挥协同作用，那么能够提高社会的抗洪能力。

假设 2：

为了在特定地区贯彻落实多样、灵活、高效的洪水风险管理综合策略（要做到新旧策略相结合、不同策略相协调），首先得满足这些策略及策略间的协调应该适当、有效的先决条件。这些策略应该确保资源的高效运用。参与治理的执行方应该认为这些策略具有合法性。执行方应考虑实际及社会环境中的机遇和限制条件，确保这些策略能成功地演变为制度，并获得普遍认可。

目前，在与洪水风险管理策略多样化相关的文献和实践中，存在某些争议，STAR-FLOOD 项目的两个假设体现了这些争议。有人认为，许多国家偏重洪水防御策略。但是防洪工程并不能防御所有洪水，所以应该采用其他辅助策略，其中包括洪水预防、洪灾缓解、准备以及恢复策略。但是，策略实施的方式必须适应当地的实际条件及其制度环境。决策者应考虑某些重要的当地状况：灾区内易损要素分布状况的差异；洪水经验的差异；社会规范和价值观的差异；明确防洪责权分配的法律法规的差异；社会成员的洪水认识水平的差异（埃克等，2016a）

1.4　研究思路和方法

1.4.1　研究思路

STAR-FLOOD 项目借鉴政策部署理论，分析洪水治理部署状况。政策部署的定义为"政策领域包含的内容及其组织结构的暂时稳定状态"（范·塔特霍夫和勒鲁瓦，2000）。通过长期研究政策部署的发展过程，研究者能够分析这些内容和组织结构的稳定或变化程度。政策部署理论声称，只有将政策领域内所有相关要素（执行方、话语、规则和资源）结合在一起，才能全面综合地研究政策部署状况。之前，研究人员采用该理论，考察环境政策、生态保护和水管理状况（阿茨和范·塔特霍夫，2006；范·塔特霍夫和勒鲁瓦，2000；威灵和阿茨，2006）。由于政策部署理论具备两项特征，所以更适用于洪水治理部署研究。首先，该理论整合了政策分析框架中的各种概念，比如，政策网络模式、话语分析、倡导联盟框架以及国际关系中的体制理论，而且涵盖结构和机构这两大制度分析要素，所以有明显的社会学研究特征（吉登斯，1984）。相比之下，其他理论包含维度较少，综合性不强。其次，该理论还能在分析中纳入法律要素，在规则和资源维度中，对法律要素的分析更是亮点。所以，完全可以使用该理论分析各级洪水治理部署状况，其中包括地方、地区、国家、跨境河流流域以及国际洪水治理部署。

STAR-FLOOD 项目使用的重要术语

洪水治理部署（FRGA）：指为实现洪水风险管理这一共同目标，对执行方、规则、资源和话语等各要素的统一部署。所以，可以将洪水治理部署视为制度的集合体，为实现洪水风险管理，所有政策领域内相关执行方以及执行方联盟必须开展互动，制度的集合体由此产生，其中包括水管理、空间规划和灾害管理，其主导话语为正式和非正式的行业规则，以及相关执行方的权力和资源基础（赫格尔等，2014）。

洪水治理部署又可以细分为数项洪水治理部署分支（sub-FRGA），因为这些分支项下有相对独立的执行方、规则、资源和话语，清晰的洪水治理子目标，与此同时，这些分支又是构成整体洪水治理部署的不可或缺的部分。如空间规划的目标是尽量减少人和财物在洪泛区的分布。本研究将分析洪水治理部署全局和分支。

洪水风险管理策略（FRMS）：可以根据预期目标，将特定的洪水风险管理措施归入不同的策略类型之中。洪水风险管理策略类型有，预防、防御、缓解、准备和响应，恢复（赫格尔等，2014）。这些策略旨在应对风险公式中的不同变量（洪泛区要素分布、灾害和后果）。所谓预防指的是（在空间设计过程中创造条件）尽量减少洪泛区内人和财物的分布。防御和缓解策略指的是建设防洪工程（如防洪堤）或采取蓄洪措施，尽量降低洪灾发生的可能性，和/或缓解洪灾的危害程度。最后，准备和响应以及恢复策略旨在减轻洪灾的后果。

桥接机制（Bridging mechanisms）：为打破决策机构条块分割现象，鼓励各层级各部门协调一致，公共私营执行方精诚合作而采用的组织、概念、政策机制、财政机制或工具（威灵等，2017；吉利森等，2015）。

为考察洪水治理部署状况，STAR-FLOOD 项目使用洪水风险管理策略这一概念，并将这些策略分为预防、防御、缓解、准备和响应以及恢复等类型。其中每一类型的策略又包含许多洪水风险管理举措。这 5 类策略包括欧盟《洪水指令》中明确定义的策略。《洪水指令》发出"防洪三策"的号召，即预防、防护和准备。洪水风险管理策略这一理念的优点是，注重洪水风险管理周期内实施各项特定策略的时间节点。STAR-FLOOD 项目提出的策略是以时间为维度划分的，这种划分方式还扩展到了洪灾恢复阶段，即按时间节点，分析这一阶段内采用的种种措施。还应该注意，《洪水指令》中的"防护"理念，在STAR-FLOOD 项目中被细分为洪水防御和洪灾缓解两种策略。尽管这两种策略的目标一样（即尽量降低洪水发生的可能性，和/或缓解洪灾的危害程度），但是由于具体的水处理方式不同，将它们划分为两种策略还是合理的选择。所谓的洪水防御指的是防洪堤等，而洪灾缓解指的是采用自然手段，与洪水共存。所以洪水防御和洪灾缓解举措的实施有明显的差别。STAR-FLOOD 项目采用风险公式（即风险＝分布×灾害×后果），其划分的 5 类洪水风险管理策略类别如图 1.3 所示。

本书所述结论是从 STAR-FLOOD 项目的概念性和实证性研究中获得的成果。研究工作的具体步骤如下：第一步，分析洪水治理部署状况，重点考察其稳定性和变化；第二步，发现并解释促进变化的动力以及阻碍变化的原因；第三步，根据社会抗洪能力、效率和合法性等预期目标评估洪水治理策略；第四步，通过比较，总结规划原则和成功条件。

本书采用四种维度（执行方、话语、规则、资源）分析洪水治理部署状况。这四种维度及其各项指标的操作原理和细则详见拉鲁等撰写的文章（2013）。本书不仅绘出洪水治理部署现状图，而且还附上对历史动因的分析。毕竟，只有以时间为纵轴考察政策和治理的变化（稳定）动因，才能彻底厘清这些动因（赫格尔等，2014；拉鲁等，2013）。

为了解推动洪水治理部署变化或是保持其稳定的机制，本书给出详尽的解释。在解释

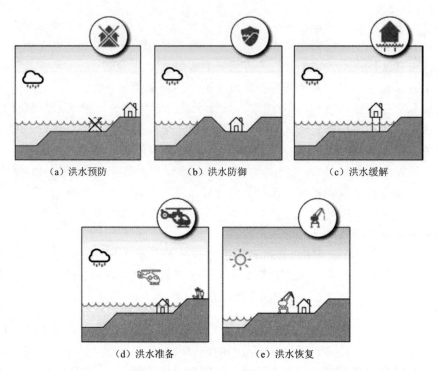

图 1.3　STAR-FLOOD 划分的 5 类洪水风险管理策略类别

过程中，作者借鉴了与公共政策变化相关的主要理论和框架，其中包括多源流分析框架（MSF）（金登，1984；扎哈里尔迪斯，2007）、间断—均衡理论（PET）（特鲁等，2007）、倡导联盟框架（ACF）（萨巴蒂尔和简金斯-史密斯，1993；萨巴蒂尔和韦伯，2007）、制度分析和发展框架（IAD）（奥斯特罗姆，2007）、变化机构文献（布劳威尔和比尔曼，2011；考德威尔，2003；惠特马等，2011）和话语分析（哈尔杰和威斯蒂格，2005；乔根森和菲利普，2002；施密特，2008，2011）。作者从中整理出五种解释要素：第一是自然条件；第二是实体和社会基础设施；第三是结构要素；第四是机构特征；第五是突发事件。作者考虑到，无论在洪水相关政策领域内部还是外部（如全国范围内政治文化的重大发展），都存在这五种要素。作者还意识到，每一种要素可能既是保持稳定的条件，又是促进变化的动因。STAR-FLOOD 解释框架详见拉鲁等 2013 年发表的文章。

　　STAR-FLOOD 项目还对洪水治理实施评估，评估依据有三条：在城区内，现有的洪水治理部署是增强还是限制了社会抗洪能力，洪水治理部署的效率和合法性如何（亚历山大等，2016a）。这三条也是洪水治理目标的规范化表达。为评估洪水治理在多大的程度上实现了这些预期目标（抗洪能力、效率和合法性），研究人员还制定了一系列标准（表1.1），以衡量治理效能。研究人员还利用成套指标，确保这些标准的可操作性（亚历山大等，2016a）。STAR-FLOOD 项目观察到，可以从三个方面评估社会抗洪能力：其一，阻抗洪水的能力（即尽量降低洪灾发生的可能性，和/或缓解洪灾的危害程度）；其二，洪灾发生之后的吸收和恢复能力；其三，适应调节能力（包括学习、创新和改进的能力）（赫格尔等，2016）。透过评估结果，研究人员检验项目的起始假设，并且考察每个国家在洪水治理过程中，究竟在多大程度上，贯彻落实了多样化的洪水风险管理综合策略。然后，研究人员进一步考察各国的具体情况，试图通过个案研究，回答这一问题：多样化洪水风险管理综合策略的落实又在多大程度上，增强了社会抗洪能力。在评估合法性的时候，研究人员也将其细分为多项标准，并保证这些标准的可操作性，其中包括，社会公平、问责制、透明度、参与度、知情权、程序正义和可接受性。最终，研究人员认为，如果治理和制度结构具有"适配"性能够有针对性地解决问题，这样地洪水治理策略就具有适当性。本框架无意出台"硬性"标准，以区分"好"或是"坏"的治理，本框架的倡议是，应根据马奇和奥尔森提出的"适当性逻辑"，根据具体情况，评价洪水治理策略的适当性（2008）。

表 1.1   洪水治理评估所用的目标，标准和指标（来源：亚历山大等，2016a）

治理预期目标	评估标准	某 些 示 例 指 标
抗洪能力	阻抗能力	举措/项目/或治理部署的综合运用显然增强了社会—环境系统的抗洪能力——降低洪灾发生的可能性或减缓洪水危害程度
	吸收和恢复能力	举措/项目/或治理部署的综合运用显然提高了社会—环境系统的抗洪能力——减轻洪灾后果，使得系统能够迅速吸收洪灾，并/或迅速恢复
	适应能力	能在灾害中把握学习机会，而且有证据表明，具有吸取教训的能力
效率	经济效率	洪水治理部署或其治理子实体（如洪水风险管理举措，项目或部署分支）高效使用财政资源，该指标以预期产出与投入比为依据
	资源效率	在洪水治理部署（以及实际行动）中，在法律框架内，显然普遍存在对资源效率的考量，和/或在修正或改革过程中考虑资源效率
合法性	社会公平	在决策过程中充分考虑成本和效益的分配，并且将分配方案传达给相关方
	问责制	利益相关方有机会质疑已经做出的决策，并要求决策者承担责任
	透明度	决策过程透明，所有人都能了解全部情况（如公共调查）
	参与度	在决策过程中不同阶段寻求公众参与，该指标以知识交流模型为依据
	知情权	利益相关方有平等的权利，能够获取和问题及其解决预案相关的信息
	程序正义	利益相关方认为，争议解决程序具有公平性
	可接受性	决策得到利益相关方的认可

研究人员并未将有效性（如策略或举措的有效性，意为策略或举措解决问题，实现目标的效能）本身列入预期目标之中，而是将其视为增强社会抗洪能力、效率和合法性的必要条件。

确立治理规划原则：根据分析，解释和评估结果，研究人员发表了六篇可供公众查阅的国家报告，分别评述比利时、英国、法国、荷兰、波兰和瑞典的洪水治理的优缺点，并指出其中的机遇和威胁。（亚历山大等，2016b；埃克等，2016b；考夫曼等，2016；拉鲁等，2016；马特扎克等，2016；米斯等，2016b）。首先，完成针对各个国家的调查；其次研究人员比较所有国家的洪水风险管理策略，洪水治理部署以及相关解释因素；再次，分析它们的优缺点，指出其中的机遇和威胁（埃克等，2016a；威灵等，2017）；最终，研究人员提出治理规划原则，其中包括与策略实施相关的成功条件——对国家/地区/地方级执行方提出建议；与各领域间（如水管理和空间规划领域之间；水管理和灾害控制领域之间）以及所有级别之间（欧盟、国家、地区和地方）的沟通，桥接相关的成功条件；与改进欧洲/国际法律框架和政策相关的成功条件（埃克等，2016a）。

1.4.2　研究方法

STAR-FLOOD 项目在欧洲六国的 18 个城市群内开展实证研究。因为当时这六国都在贯彻实施欧盟《洪水指令》，所以很有研究价值。但是，六国的实体条件、实际洪水经验、指令贯彻之前的洪水风险管理策略和洪水治理部署状况，以及行政管理和法律环境都各不相同，其他方面的差别自不待言（赫格尔等，2016）。该项目从公共行政管理和法律相结合的视角，评估洪水治理。研究人员分析、解释并评估了各国的洪水治理部署状况（包括执行方、话语、规则和资源），并在每个国家内，按同样的程序开展三项个案研究。在本节末尾中，作者简要介绍了这六个国家以及三项个案的基本情况。

STAR-FLOOD 项目的显著特征是，自始至终研究人员都通过高强度的跨国家、跨学科对话开展调研。政策分析员和法律学者采用了多种研究方法。以联合编制的指导性文件为依据，所有合作方在各自的国家对洪水治理进行实证分析和评估，其中既包括全国范围内的洪水治理，又包括三项洪水治理个案。这三项个案集中考察特定城区的洪水治理，研究人员利用个案的研究结果证明并进一步探讨全国范围内洪水治理的发展状况。所有国家使用的数据搜集方法如下：案头调研（分析政策文件、法律文本，判例法和文件）；半结构性访谈（比利时 70 次，英国 61 次，法国 64 次，荷兰 45 次，波兰 54 次，瑞典 19 次）；法律比较；与利益相关者的研讨会（一个国家至少举办一次）。此外，所有六国研究组还多次聚在一起，讨论并比较策略，部署以及抗洪能力。项目研究期间，不仅召开了数次全员讨论会，而且持续开展小组讨论。

个案研究概述以及案例选择的合理性

在每个国家选择三项个案开展研究，借此考察该国的洪水风险管理思路和方式。因此，所选择的案例要么是贯彻国家洪水风险管理思路的典范，要么是背离国家思路的反面典型。

比利时

安特卫普——佛兰德斯地区最大城市。采用新的洪水风险管理措施，旨在结合防水工程和洪灾缓解举措，实现双赢；斯特尔特河还是一条跨境河流。

赫拉尔德斯贝尔享和莱西思市——登德尔河畔的两座小城，其中，赫拉尔德斯贝尔享市位于佛兰德斯地区，莱西思市位于瓦隆地区。两地巧妙地利用洪水预防机制，极具研究价值。

英国

下泰晤士市——在合作基金条件下实施分阶段洪水风险管理方案。

赫尔市——当地洪水风险管理体系一直以防洪工程建设为重点，现在则启动了地表水缓解措施。

利兹市——通过本地化合作，采取创新措施，在洪水风险和经济增长之间寻找平衡。

法国

纳维尔市——按照多城市合作组织制定的总体规划,升级陈旧的防洪基础设施。该城市还在落实国家洪水风险管理政策的过程中,根据当地情况做出部分调整。

勒阿弗尔市——在寻求创新方案,同时实现洪水风险管理和农业发展目标的过程中,彰显多城市合作组织的作用,该组织还挑战国家权威,质疑海洋淹没问题的定义,试图修正相关专业知识。

尼斯市——提供了两个相反的案例,即在当地贯彻洪水风险政策,治理 Var 和 Paillon 两条河流。

荷兰

多德雷赫特市——提供了所谓的"多层级"安全话语研究案例,涉及的洪水风险管理措施主要是降低洪水概率,控制洪灾后果。

奈梅亨市——这是 39 个"为河流创空间"项目现场中的一个,采用综合性更强,基于生态系统的洪水风险管理方法。

兰斯塔德地区——既采用主流方法,又体现非主流方法,即,在洪水风险高的地区从事开发活动,但是采用缓解措施。

波兰

斯拉百斯市——奥德河畔的边境城市,靠近奥德河畔的法兰克福(跨境洪水风险管理案例),极易遭受洪灾(位于低洼地区)。

波兹南郡——虽然是洪水多发区,但是在 1997 年和 2002 年大洪水期间,并未受到严重妨害。

沃克劳市——1997 年洪水期间灾情严重的城市;试点项目和先行者案例。

瑞典

哥德堡市——具有洪水经验,而且积极实施洪水风险管理至少已达十年。正在开展一项大规模洪水保护项目。

卡尔斯塔德市——具有洪水经验,而且积极实施洪水风险管理至少已达十年。卡尔斯塔德市开展当地洪水管理项目。

克里斯蒂安斯塔德市——该国最易受洪水影响的地区之一,在当地政治议程中,治水是热点问题。克里斯蒂安斯塔德市被称作"瑞典洪水风险管理的典范"。洪水防御举措成熟完善。

1.5 支持 STAR-FLOOD 项目核心结论的相关可提交报告和期刊文章汇总

STAR-FLOOD 项目根据大量的研究结果,提出了核心结论,本书着重讨论这些核心结论,如果读者想详细了解上述研究结果,请参阅下文列出的报告和论文。目前,在 www.star-flood.eu 网站上,能够查阅其中大部分文献,其他的可去在线期刊门户阅览。

支持 STAR-FLOOD 核心结论的相关可提交报告和期刊文章汇总

第一工作包——欧洲洪水治理问题分析

Bakker MHN，Green C，Driessen PPJ，Hegger DLT，Delvaux B，Van Rijswick HFMW，Suykens C，Beyers JC，Deketelaere K，Van Doorn－Hoekveld W，Dieperink C（2013）Flood Risk Management in Europe：European flood regulation. STAR－FLOOD Consortium，Utrecht，the Netherlands. ISBN：978－94－91933－04－2.

Dieperink C，Green C，Hegger DLT，Driessen PPJ，Bakker MHN，Van Rijswick HFMW，Crabbé A，Ek K（2013）Flood Risk Management in Europe：governance challenges related to flood risk management（report no D1.1.2）. STAR－FLOOD Consortium，Utrecht，the Netherlands. ISBN：978－94－91933－03－5.

Green C，Dieperink C，Ek K，Hegger DLT，Pettersson M，Priest S，Tapsell S（2013）Flood Risk Management in Europe：the flood problem and interventions（report no D1.1.1）. STAR－FLOOD Consortium，Utrecht，the Netherlands. IS-BN：978－94－91933－02－8.

Hegger DLT，Green C，Driessen PPJ，Bakker MHN，Dieperink C，Crabbé A，Deketelaere K，Delvaux B，Suykens C，Beyers JC，Fournier M，Larrue C，Manson C，Van Doorn－Hoekveld W，Van Rijswick HFMW，Kundzewicz ZW，Goytia Casermeiro S（2013）Flood Risk Management in Europe：Similarities and Differences between the STAR－FLOOD consortium countries. STAR－FLOOD Consortium，Utrecht，the Netherlands. ISBN：978－94－91933－05－9.

第二工作包——欧洲洪水风险管理和治理评估框架

Alexander M，Priest S，Mees H（2016）A *framework for evaluating flood risk governance*. Environmental Science and Policy 64：38－47.

Alexander M，Priest S，Mees H（2015）Practical guidelines for evaluating flood risk governance. [In] Larrue C，Hegger D，Trémorin JB（Eds）. Researching flood risk governance in Europe：A framework and methodology for assessing flood risk governance. STAR－FLOOD deliverable report（Report No. D2.2.1）.

Bruzzone S，Larrue C，Rijswick HFMW，Wiering M，Crabbé A（2016）Constructing collaborative communities of researchers in the environmental domain. A case study of interdisciplinary research between legal scholars and policy analysts Environmental Science and Policy 64：1－8.

Larrue C，Hegger DLT，Trémorin JB（2013）Researching Flood Risk Policies in Europe：a framework and methodology for assessing Flood Risk Governance（report no D2.2.1）. STAR－FLOOD Consortium，Utrecht，the Netherlands，ISBN：978－94－91933－01－1.

Larrue C，Hegger DLT，Trémorin JB（2013）Researching Flood Risk Policies in Europe：background theories（report no D2. 2. 2）. STAR－FLOOD Consortium，Utrecht，the Netherlands，ISBN：978－94－91933－01－1.

Hegger DLT，Driessen PPJ，Dieperink C，Wiering M，Raadgever GT，Van Rijswick HFMW（2014）Assessing stability and dynamics in flood risk governance：an empirically illustrated research approach. Water Resources Management 28：4127－4142.

Hegger DLT，Van Herten M，Raadgever T，Adamson M，Näslund－Landenmark B，Neuhold C.（2014）. Report of the WG F and STAR－FLOOD Workshop on Objectives，Measures and Prioritisation Workshop.

第三工作包——比利时、英国、法国、荷兰、波兰和瑞典各国内的实证研究以及案例研讨会报告

Alexander M，Priest S，Micou AP，Tapsell S，Green C，Parker D，Homewood S（2016）Analysing and evaluating flood risk governance in England－Enhancing societal resilience through comprehensive and aligned flood risk governance. STAR－FLOOD Consortium，Utrecht. ISBN：978－94－91933－07－3.

Ek K，Goytia S，Pettersson M，Spegel E（2016）Analysing and evaluating flood risk governance in Sweden－Adaptation to Climate Change? STAR－FLOOD Consortium，Utrecht. ISBN：978－94－91933－10－3.

Hegger DLT，Bakker MHN，Raadgever GT，Crabbé A（2016）D3. 1 Country and case study workshop report. STAR－FLOOD Consortium，Utrecht. ISBN：978－94－91933－12－7.

Kaufmann M，Van Doorn－Hoekveld WJ，Gilissen HK，Van Rijswick HFMW（2016）Analysing and evaluating flood risk governance in the Netherlands. Drowning in safety? STAR－FLOOD Consortium，Utrecht. ISBN：978－94－91933－11－0.

Larrue C（Ed.），Bruzzone S，Lévy L，Gralepois M，Schellenberger T，Trémorin JB，Fournier M，Manson C，Thuillier T（2016）Analysing and evaluating Flood Risk Governance in France：from State Policy to Local Strategies. STAR－FLOOD consortium，Utrecht. ISBN：978－94－91933－08－0.

Matczak P，Lewandowski J，Choryński A，Szwed M，Kundzewicz ZW（2016）Flood risk governance in Poland：Looking for strategic planning in a country in transition. STAR－FLOOD Consortium，Utrecht. ISBN：978－94－91933－09－7.

Mees H，Suykens C，Beyers JC，Crabbé A，Delvaux B，Deketelaere K（2016）Analysing and evaluating flood risk governance in Belgium. Dealing with flood risks in an urbanised and institutionally complex country. STAR－FLOOD consortium，Utrecht. ISBN：978－94－91933－06－6.

第四工作包

Choryński A，Raadgever GT，Jadot J（2016）D4. 2 Experiences with flood risk gover-

nance in Europe：a report of international workshops in four European regions. STAR –
FLOOD Consortium，Utrecht.

Gilissen HK，Alexander M，Beyers JC，Chmielewski P，Matczak P，Schellenberger
T，Suykens C（2015）Bridges over troubled waters：An interdisciplinary frame-
work for evaluating the interconnectedness within fragmented domestic flood risk
management systems. Journal of Water Law 2512 – 26.

Matczak P，Wiering M，Lewandowski J，Schellenberger T，Trémorin JB，Crabbé
A，Ganzevoort W，Kaufmann M，Larrue C，Liefferink D，Mees H（2016）Compa-
ring flood risk governance in six European countries：strategies，arrangements and
institutional dynamics. STAR – FLOOD consortium，Utrecht.

Wiering M，Kaufmann M，Mees H，Schellenberger T，Ganzevoort W，Hegger
DLT，Larrue C，Matczak P（2017）Varieties of flood risk governance in Europe：
How do countries respond to driving forces and what explains institutional change?
Global Environmental Change 44：15 – 26.

　　第五工作包

Ek K，Pettersson M，Alexander M，Beyers JC，Pardoe J，Priest S，Suykens C，
Van Rijswick HFMW（2016）Best practices and design principles for resilient，
efficient and legitimate flood risk governance – Lessons from cross – country compari-
sons，STAR – FLOOD Consortium，Utrecht.

Ek K，Raadgever GT，Suykens C，Bakker MHN，Pettersson M，Beyers JC（2016）
An expert panel on design principles for appropriate and resilient flood risk govern-
ance – lessons from a workshop in Brussels. STAR – FLOOD consortium，Utrecht

Dieperink C，Hegger DLT，Bakker MHN，Kundzewicz ZW，Green C，Driessen PPJ
（2016）Recurrent Governance Challenges in the Implementation and Alignment of
Flood Risk Management Strategies：a Review. Water Resources Management 30：
4467 – 4481.

1.6　报告提纲

　　第一部分提纲为：第 2 章分析洪水风险管理策略多样化发展现状（本文假设，策略多
样化能够增强社会抗洪能力），剖析促进多样化的动力，以及阻碍多样化的因素；第 3 章
探讨桥接程序和机制，该机制增强洪水风险管理策略之间的协调性，有助于克服条块分割
的弊端，本章还研究参与洪水治理的执行方以及公共和私营执行方（包括公民）之间的责
任分工；第 4 章介绍和洪水治理有关的法律法规多样化发展的现状，并探讨具备执行条件
而且已经执行的适当规则在贯彻落实过程中遇到的难题。本章还明确了为实现洪水治理优
化必须满足的资源条件；第 5 章阐释洪水治理评估结果，具体标准为，抗洪能力、效率和
合法性；第 6 章探讨本文对欧洲国家和地区级别的洪水治理政策和法规建设的指导意义。

参　考　文　献

Aerts JCJH，Botzen W，Van Der Veen A，Krykow J，Werners S（2008）Dealing with uncertainty in flood management through diversification. Ecol Soc 13：41.

Alexander M，Priest S，Mees H（2016a）A framework for evaluating flood risk governance. Environ Sci Policy 64：38 – 47.

Alexander M，Priest S，Micou AP，Tapsell S，Green C，Parker D，Homewood S（2016b）Analysing and evaluating flood risk governance in England – enhancing societal resilience through comprehensive and aligned flood risk governance. STAR – FLOOD Consortium，Utrecht.

Alfieri L，Burek P，Feyen L，Forzieri G（2015）Global warming increases the frequency of river floods in Europe. Hydrol Earth Syst Sci 19：2247 – 2260.

Arts B，Van Tatenhove JPM（2006）Political modernisation. In：Institutional dynamics in environmental governance. Springer，Dordrecht，pp 21 – 43.

Barredo JI（2007）Major flood disasters in Europe：1950 – 2005. Nat Hazards 42：125 – 148.

Brouwer S，Biermann F（2011）Towards adaptive management：examining the strategies of policy entrepreneurs in Dutch water management. Ecol Soc 16：5.

Bubeck P，Kreibich H，Penning – Rowsell EC，Botzen WJW，De Moel H，Klijn F（2015）Explaining differences in flood management approaches in Europe and in the USA – a comparative analysis. J Flood Risk Manag. https：//doi. org/10. 1111/jfr3. 12151.

Caldwell R（2003）Models of change agency：a fourfold classification. Br J Manag 14：131 – 142.

Chaffin BC，Gosnell H，Cosens BA（2014）A decade of adaptive governance scholarship：synthesis and future directions. Ecol Soc 19：56.

Den Uyl RM，Driessen PPJ（2015）Evaluating governance for sustainable development – insights from experiences in the Dutch fen landscape. J Environ Manag 163：186 – 2031.

Dieperink C，Hegger DLT，Bakker MHN，Kundzewicz ZW，Green C，Driessen PPJ（2016）Recurrent governance challenges in the implementation and alignment of flood risk management strategies：a review. Water Resour Manag 30：4467 – 4481.

Driessen PPJ，Hegger DLT，Bakker MHN，Van Rijswick HFMW，Kundzewicz ZW（2016）Toward more resilient flood risk governance. Ecol Soc 21：53.

Ek K，Pettersson M，Alexander M，Beyers JC，Pardoe J，Priest S，Suykens C，Van Rijswick HFMW（2016b）Best practices and design principles for resilient，efficient and legitimate flood risk governance – lessons from cross – country comparisons. STAR – FLOOD Consortium，Utrecht.

Ek K，Goytia S，Pettersson M，Spegel E（2016a）Analysing and evaluating flood risk governance in Sweden – adaptation to climate change? STAR – FLOOD Consortium，Utrecht.

Folke C（2006）Resilience：the emergence of a perspective for social – ecological systems analyses. Glob Environ Chang 16：253 – 267.

Folke C，Hahn T，Olsson P，Norberg J（2005）Adaptive governance of social – ecological systems. Annu Rev Environ Resour 30：441 – 473.

Giddens A（1984）The constitution of society – outline of the theory of structuration. University of California Press，Berkeley/Los Angeles.

Gilissen HK，Alexander M，Beyers JC，Chmielewski P，Matczak P，Schellenberger T，Suykens C（2015）Bridges over troubled waters：an interdisciplinary framework for evaluating the interconnectedness within fragmented domestic flood risk management systems. J Water Law 25：12 – 26.

Gilissen HK，Alexander M，Matczak P，Pettersson M，Bruzzone S（2016）A framework for evaluating the effectiveness of flood emergency management systems in Europe. Ecol Soc 21：27.

Goytia S，Pettersson M，Schellenberger T，Van Doorn - Hoekveld WJ，Priest S（2016）Dealing with change and uncertainty within the regulatory frameworks for flood defense infrastructure in selected European countries. Ecol Soc 21：23.

Guha - Sapir D，Hoyois P，Below R（2013）Annual disaster statistical review 2012：the numbers and trends. CRED，Brussels.

Hajer M，Versteeg W（2005）A decade of discourse analysis of environmental politics：achievements，challenges，perspectives. J Environ Policy Plan 7：175 - 184.

Hartmann T，Driessen P（2017）The flood risk management plan：towards spatial water governance. J Flood Risk Manag 10（2）：145 - 154.

Hegger DLT，Driessen PPJ，Dieperink C，Wiering M，Raadgever GT，Van Rijswick HFMW（2014）Assessing stability and dynamics in flood risk governance：an empirically illustrated research approach. Water Resour Manag 28：4127 - 4142.

Hegger DLT，Driessen PPJ，Wiering M，Van Rijswick HFMW，Kundzewicz ZW，Matczak P，Crabbé A，Raadgever GT，Bakker MHN，Priest SJ，Larrue C，Ek K（2016）Toward more flood resilience：is a diversification of flood risk management strategies the way forward? Ecol Soc 21：52.

Huitema D，Lebel L，Meijerink S（2011）The strategies of policy entrepreneurs in water transitions around the world. Water Policy 13：717 - 733.

Innocenti D，Albrito P（2011）Reducing the risks posed by natural hazards and climate change：the need for a participatory dialogue between the scientific community and policy makers. Environ Sci Pol 14：730 - 733.

Jorgensen M，Phillips LJ（2002）Discourse analysis as theory and method. Thousand Oaks/Sage，London/New Delhi.

Kaufmann M，Van Doorn - Hoekveld WJ，Gilissen HK，Van Rijswick HFMW（2016）Analysing and evaluating flood risk governance in the Netherlands. Drowning in safety? STAR - FLOOD consortium，Utrecht.

Kingdon J（1984）Agendas，alternatives，and public policies. Little/Brown，Boston.

Klijn F，Samuels P，Van Os A（2008）Towards flood risk management in the EU：state of affairs with examples from various European countries. Int J River Basin Manag 6：307 - 321.

Kolen B，Helsloot I（2014）Decision - making and evacuation planning for flood risk management in the Netherlands. Disasters 38：610 - 635.

Koskenniemi M，Leino P（2002）Fragmentation of international law? Postmodern anxieties. Leiden J Int Law 15：553 - 579.

Kundzewicz ZW，Krysanova V，Dankers R，Hirabayashi Y，Kanae S，Hattermann FF，Huang S，Milly PCD，Stoffel M，Driessen PPJ，Matczak P，Quevauviller P，Schellnhuber HJ（2017）Differences in flood hazard projections in Europe - their causes and consequences for decision making. Hydrol Sci J 62：1 - 14.

Larrue C，Hegger DLT Trémorin JB（2013）Researching flood risk policies in Europe：a frame - work and methodology for assessing flood risk governance（report no D2.2.1）. STAR - FLOOD consortium，Utrecht.

Larrue C，Bruzzone S，Lévy L，Gralepois M，Schellenberger T，Trémorin JB，Fournier M，Manson C，Thuilier T（2016）Analysing and evaluating flood risk governance in France：from state policy to local strategies. STAR - FLOOD consortium，Utrecht.

Liao K（2012）A theory on urban resilience to floods—a basis for alternative planning practices. Ecol Soc 17：48.

March JG，Olsen JP（2008）The logic of appropriateness. In：Moren M，Rein M，Goodin RE（eds）The Oxford handbook of public policy. Oxford University Press，Oxford，pp 689 – 708.

Matczak P，Lewandowski J，Choryński A，Szwed M，Kundzewicz ZW（2016）Flood risk governance in Poland：looking for strategic planning in a country in transition. STAR – FLOOD Consortium，Utrecht.

Mees HLP，Driessen PPJ，Runhaar HAC（2014）Legitimate and adaptive flood risk governance beyond the dikes：the cases of Hamburg，Helsinki and Rotterdam. Reg Environ Chang 14：671 – 682.

Mees H，Crabbé A，Alexander M，Kaufmann M，Bruzzone S，Lévy L，Lewandowski J（2016a）Coproducing flood risk management through citizen involvement：insights from cross – country comparison in Europe. Ecol Soc 21：7.

Mees H，Suykens C，Beyers JC，Crabbé A，Delvaux B，Deketelaere K（2016b）Analysing and evaluating flood risk governance in Belgium. Dealing with flood risks in an urbanised and institutionally complex country. STAR – FLOOD consortium，Utrecht.

Meijerink S，Dicke W（2008）Shifts in the public – private divide in flood management. Int J Water Resour Dev 24：499 – 512.

Mens M，Klijn F，De Bruijn KM，Van Beek E（2011）The meaning of system robustness for flood risk management. Environ Sci Policy 14：1121 – 1131.

OECD（2014）OECD principles on water governance. OECD，Paris.

Ostrom E（2007）Institutional rational choice，an assessment of the institutional analysis and development framework. In：Sabatier PA（ed）Theories of the policy process，Westview press，boulder，pp 21 – 64.

Pahl – Wostl C，Sendzimir J，Jeffrey J，Aerts J，Bergkamp G，Cross K（2007）Managing change toward adaptive water management through social learning. Ecol Soc 12：30.

Priest SJ，Suykens C，Van Rijswick HFMW，Schellenberger T，Goytia S，Kundzewicz ZW，Van Doorn – Hoekveld WJ，Beyers JC，Homewood S（2016）The European union approach to flood risk management and improving societal resilience：lessons from the implementation of the floods directive in six European countries. Ecol Soc 21：50.

Quevauviller P（2011）Adapting to climate change：reducing water – related risks in Europe – EU policy and research considerations. Environ Sci Policy 14：722 – 729.

Rijke J，Van Herk S，Zevenbergen C（2013）Towards integrated river basin management：governance lessons from room for the river. In：Klijn F，Schweckendiek T（eds）Comprehensive flood risk management. Taylor and Francis Group，London，pp 1033 – 1043.

Runhaar HAC，Gilissen HK，Uittenbroek CJ，Mees HLP，Van Rijswick HFMW（2014）Publieke en/of private verantwoordelijkheden voor klimaatadaptatie – Een juridisch – bestuurlijke analyse en eerste beoordeling，Copernicus Institute of Sustainable Development/Utrecht Centre for Water，Oceans and Sustainability Law，Utrecht.

Sabatier PA，Jenkins – Smith HC（1993）Policy change and learning：an advocacy coalition approach. Westview Press，Boulder.

Sabatier P，Weible CM（2007）The advocacy coalition framework：innovations and clarifications. In：Sabatier PA（ed）Theories of the policy process. Westview Press，Davis.

Schmidt VA（2008）Discursive institutionalism：the explanatory power of ideas and discourse. Annu Rev Polit Sci 11：303 – 326.

Schmidt VA（2011）Speaking of change：why discourse is key to dynamics of policy transformation. Critical. Policy Stud 5：106 – 126.

True JL，Jones BD，Baumgartner FR（2007）Punctuated – equilibrium theory：explaining stability and change in public policymaking. In: Sabatier PA (ed) Theories of the policy process. Westview Press, Davis CA.

Van Den Brink M, Termeer CAJM, Meijerink S (2011) Are Dutch water safety institutions prepared for climate change? J Water Clim Chang 2: 272 - 287.

Van Rijswick HFMW, Havekes H (2012) European and Dutch water law. Europa Law Publishing, Groningen.

Van Tatenhove JPM, Leroy P (2000) The institutionalisation of environmental politics. In: Political modernisation and the environment. Kluwer Academic Publishers, Dordrecht.

Voß J - P, Newig J, Kastens B, Monstadt J, Nölting B (2007) Steering for sustainable development: A typology of problems and strategies with respect to ambivalence, uncertainty and distributed power. J Environ Policy Plan 9 (3 - 4): 193 - 212.

Wardekker JAA, De Jong JM, Knoop J, Van der Sluijs JP (2010) Operationalising a resilience approach to adapting an urban delta to uncertain climate changes. Technol Forecast Soc Chang 77: 987 - 998.

Wesselink A, Warner J, Syed A, Chan F, Duc Tran D, Huq H, Huthoff F, Le Thuy F, Le Thuy N, Pinter N, Van Staveren M, Wester P, Zegwaard A (2015) Trends in flood risk management in deltas around the world: are we going 'soft'? Int J Water Gov 3 (4): 25 - 46.

Wiering M, Arts B (2006) Discursive shifts in Dutch river management: "deep" institutional change or adaptation strategy? Developments in. Hydrobiology 187: 327 - 338.

Wiering M, Kaufmann M, Mees H, Schellenberger T, Ganzevoort W, Hegger DLT, Larrue C, Matczak P (2017) Varieties of flood risk governance in Europe: how do countries respond to driving forces and what explains institutional change? Glob Environ Chang 44: 15 - 26.

Winsemius HC, Aerts JCJH, Van Beek LPH, Bierkens MFP, Bouwman A, Jongman B, Kwadijk JCJ, Ligtvoet W, Lucas PL, Van Vuuren DP, Ward PJ (2015) Global drivers of future river flood risk. Nat Clim Chang. https://doi. org/10. 1038/NCLIMATE2893.

Zahariadis N (2007) The multiple streams framework: structure, limitations, prospects. In: Sabatier PA (ed) Theories of the policy process. Westview Press, Davis CA.

第 2 章

洪水风险管理策略多样化——
必要性和重要性

德赖斯·赫格尔，彼得·德赖森和马洛斯·巴克

2.1 多样化发展现状

如前所述，STAR-FLOOD项目第一条初始假设是，国家实施灵活、多样的洪水风险管理策略，能够增强抗洪能力。（赫格尔等，2014）为了求证这一假设是否成立，必须考察各个国家洪水风险管理策略多样化发展的实际状况——无论是在政策话语层面还是实际执行过程中，国家是否落实了策略多样化这一发展思路，落实到了什么样的程度。所有国家都承认策略多样化的实用性，但是落实程度各不相同。

从话语层面看，英国和瑞典两个国家与其他四国存在显著差别（亚历山大等，2016；埃克等，2016；考夫曼等，2016a；拉鲁等，2016；马特扎克等，2016；米斯等，2016）。在英国和瑞典，主管部门认为，五类洪水风险管理策略具有同等重要的地位，所以，在全国范围内，并不存在明显的主导策略（由于具体条件不同，各个地方可能会有各自的重点策略）。荷兰和波兰则以洪水防御为重，把其他策略视为后备选项——仅仅用来降低剩余风险。比利时和法国也偏重洪水防御，同时以洪水预防和洪灾缓解策略为辅助。在后面四个国家中，某些特定的洪水风险管理策略具有话语主导地位：法国强调洪水预防策略的重要性，荷兰倚重洪水防御策略，波兰注重应急管理（不仅限于话语层面，而且落在实处），比利时则三管齐下，大力宣传防御、预防和缓解这三类策略。产生上述区别的原因是，每个国家的实际条件和制度环境不同，所以会偏重某一类洪水风险管理策略组合。具体问题必须具体分析，任何人也无法臆断应优先采用哪种方法（赫格尔等，2016；威灵等，2017）。最终，得出的结论是：只要治理和制度结构具有"适配性"——能够有的放矢地解决问题，这样的洪水治理就是适当的。本框架无意出台"硬性"标准，以区分治理的优劣，本框架的倡议是，应根据马奇和奥尔森提出的"适当性逻辑"理论，根据具体情况，评价洪水治理的适当性（2008）。

除了英国，在另外五国，与多样化理念和话语相比，多样化策略的落实明显滞后。理论上，由于所有国家都至少在一定程度上运用了所有的洪水风险管理策略，所以它们都"坚持洪水治理多样化发展方向"，但实际上，相比之下，洪水防御策略还是占主导地位，在比利时、法国、荷兰和波兰，这一现象更为明显。简言之，各国确实朝着多样化这一目标迈进，但是步伐缓慢。

2.2　促进多样化发展的动力

所有国家都存在推动多样化发展的因素，有的动力仅和政策领域内的一项维度（执行方、话语、规则或资源）相关（赫格尔等，2014），有的则涉及多个维度，具有普遍性和综合性（威灵等，2017）。

2.2.1　与执行方相关的动力

经调查发现，各级政府中，锐意创新的决策人员往往会在洪灾发生之后，抓住灾难带来的契机，将水安全问题提上政治议程，寻求治水策略改革——他们就是推动洪水治理多样化发展的中坚力量。如在英国，由于决策者积极行动，应对洪灾，最终确立了洪水风险管理的先进操作方法，在国家和地方推广实施（亚历山大等，2016）。在荷兰，三角洲委员会专门负责荷兰三角洲计划。这两个例子也有区别：荷兰当时并未发生洪灾，但是委员会未雨绸缪，开展该计划，以应对日趋严重的洪水风险。在不同国家各市级政府中（如多德雷赫特市和沃克劳市），锐意进取的决策者也成为推动洪水治理多样化发展的重要力量。由于在访谈过程中（1.4.2 节），很多受访者都提到了这类决策者的重要作用，所以他们的功劳不容忽视。他们往往具有如下共同品质：政治觉悟高；沟通能力强；能够通过学习，了解具有不同利益诉求的各类执行方的思维方式和决策逻辑；领导力强；富有个人魅力；责任感强；视优化治水政策为己任。

由地方执行方启动的、自下而上推广的洪水治理方案，地方政府和居民也是推动洪水风险管理策略多样化发展的巨大力量。调查发现，法国、英国和荷兰都有这样的方案。这些方案具有得天独厚的优势，能够充分发掘社会的创新潜力，确保洪水风险管理措施符合当地具体情况。这些计划还提供学习机会，激励群众开发并实施新型洪水风险管理方法。其一，将洪水风险管理职责下放到地方政府，赋予地方执行方更大的权力，他们才能有条件实施不同的措施，自下而上开展洪水治理计划。其二，由于每个国家资源有限，拨款规定严格，所以地方执行方必须得采用创新举措，应对洪水风险，毕竟不是每个地方政府都有足够的资金建设防洪工程。其三，多个国家对真正的自下而上式洪水治理方案（由社区或家庭倡导）持积极鼓励的态度，所以其前景可待。

2.2.2　与话语相关的动力

考察话语层面，不难发现这样的变化：唯技术理论日渐式微，人们开始积极讨论可持续性以及抗洪能力这些理念（威灵等，2017）。基于安全或风险的话语日渐盛行，这类新话语还包括如下主题：综合性洪水风险管理，基于生态系统的管理，气候变化，环境或可持续发展。在英国，抗灾能力这一概念本身就鼓励社区积极参与风险策略的制定与实施。这些话语都会推动洪水风险管理策略部署的多样化发展（如法国历来重视洪水预防，荷兰

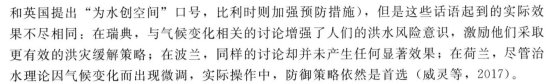

和英国提出"为水创空间"口号，比利时则加强预防措施），但是这些话语起到的实际效果不尽相同：在瑞典，与气候变化相关的讨论增强了人们的洪水风险意识，激励他们采取更有效的洪灾缓解策略；在波兰，同样的讨论却并未产生任何显著效果；在荷兰，尽管治水理论因气候变化而出现微调，实际操作中，防御策略依然是首选（威灵等，2017）。

2.2.3 与规则相关的动力

比利时佛兰芒地区的《水评估》法规能有效迫使地方执行方在城市开发过程中考虑洪水风险，该法规赋予水管理员建筑许可证审批权：水管理员有权拒绝发放建筑许可证，或要求申请者满足特定条件（如采取洪灾缓解措施）（米斯等，2016）。根据这条规定，应以水评估结果为依据，在许可证上写明上述条件。但是，只有在水管理员持续跟进，随时在建筑现场检查，确保申请方满足了这些特定条件时，这一法律机制才能真正发挥作用。否则，主管单位无法了解该机制是否有效。从理论上讲，法律法规的解释空间越大，它的适应性越强，因为各方能够根据洪灾风险的变化，按照实际要求对这些法律法规做出不同的解释（戈伊蒂娅等，2016）。但实际上，政策自由度越大，留下的解释空间越广阔，那些墨守陈规的执行方面临的风险越高。毕竟，在贯彻法规的过程中，与"按章办事"相比，"灵活变通"要困难得多。如在荷兰，空间规划主管单位一直有权利用法律机制强制实施防洪措施，这也是他们的合法职责，但是他们不愿意利用这些机制。过去很长时间内，城市开发带来的短期效益一直都是众人瞩目的焦点。政策自由度和灵活性往往有很大的反作用：执行方忽视洪水风险，尽可能避免使用洪水预防和洪灾缓解策略。随着更多具有约束力的法规出台，这种状况在逐渐改变。

2.2.4 与资源相关的动力

经证明，财政资源是推动洪水治理策略多样化发展的关键因素，但是，之前的投资决策也可能会导致途径依赖（范·布伦等，2016；威灵，2017）。荷兰专门成立三角洲基金，每年获得10亿欧元拨款，用来加强水域安全，改进淡水供应系统，但是无法确定其中有多少资金被用来促进多样化。在法国，CAT-NAT制度（通过按比例存留所收款项）为巴尼尔基金注资，用来落实风险预防措施。CAT-NAT方案的资金来源是公民缴纳的保险费。因此，法国的洪灾恢复策略坚强有力，仅次于洪水防御策略。而波兰的情况恰恰相反：由于资源匮乏，波兰依赖来自欧洲基金（如欧盟协和基金）的拨款贯彻洪水风险管理策略。

技术革新可以被视为洪水风险管理策略的重要推手。如果没有风险制图和建模技术（包括数据和知识的更新，如可查阅更长时间内的历史纪录）的进步，那么当前的空间规划和保险体系就是空中楼阁。除了洪水风险管理，遥感、计算能力以及建模工具可用性等其他领域内也实现了技术革新。

2.2.5 同时涉及多个维度（执行方、话语、规则和资源）的动力

欧洲社会大环境出现了一种重要的变化：过去是"以政府为中心"，现在则"以治理为中心"。因此，在洪水治理领域内，国家仅仅是众多执行方中的一员，负责宏观指导（德赖森等，2012；范·里斯威克和哈沃克斯，2012）。《洪水指令》采用的程序化方法也体现这一变化（普利斯特等，2016）。在洪水风险管理领域，欧洲一体化进程也产生了重要的影响。1998年的联合国《奥尔胡斯公约》规定，个人及其所属团体有权知晓环境信息，参与环境决策，并向法院提起相关诉讼。《奥尔胡斯公约》采用法律手段，提高环境

治理的公众参与度，堪称社会变革的里程碑。一系列欧盟指令（如《环境影响评价指令》和《水框架指令》）也出台相关规定：成员国有义务吸引公众参与洪水风险管理策略决策。而在波兰，欧盟基金在投资治水项目时，也提出了类似要求，显著提高了波兰国内洪水风险管理决策的公众参与度。

洪水也成为触发变化的契机。受1997年洪水的影响，更多波兰人开始关注洪水风险管理中的应急管理策略，并实施应急管理策略结构性改革（马特扎克等，2016）。之前，救灾主要由国家军队负责；如今，国家消防队和省级、市级和县级应急管理服务部门共同承担此项工作，救灾成了"多层级"主管部门的责任。1998年洪水之后，英国改进了洪水预警系统，环境署于1999年掀起了一场运动，旨在提高公众的洪水意识。此后十年间，英国环境署每年坚持开展这一运动，而且在十年之后，又组织具有地方特色的小型活动，作为该项运动的补充（亚历山大等，2016）。调查表明，1998年佛兰德斯地区洪水和2002—2003年瓦隆地区洪水也是促进当地洪水风险管理策略多样化发展的动力，而2010年佛兰芒，地区洪水则推动了当地法规的根本变革（米斯等，2016）。在荷兰，1993年和1995年洪水引发策略变革——国家开展"为河流创空间"项目，侧重洪灾缓解策略，并且采用更自然的方法应对洪水风险（考夫曼等，2016a）。在法国，海岸地区的洪水风险一度被遗忘，但是在辛西娅风暴灾害之后，再次成为公众担忧的焦点问题（拉鲁等，2016）。

欧洲一体化创建了统一的欧洲市场、欧洲身份认同和欧元，它对洪水风险管理策略产生了复杂的影响，既推动又阻碍多样化发展。以荷兰为例，该国的洪水风险管理策略一直都以洪水防御为导向，欧盟指令（如《洪水指令》）颁布之后，从法律角度看，风险管理逐渐成为洪水风险管理政策的方向，但是这并没有撼动洪水防御策略的主导地位。而在英国，现行洪水风险管理指导规则并未因欧洲指令的实施而发生重大变化，后者至多仅仅起到了加强作用。在比利时，由于欧洲指令的实施，以及欧盟共同研究项目的开展，执行方更加关注新的洪水风险管理思路，如基于风险的管理、基于自然的方法等。即使在同一个国家之内，欧洲一体化也可能在推动多样化发展的同时，增强某一类洪水风险管理策略的主导地位。在波兰，由于使用欧盟基金，洪水防御成了重中之重，但是欧盟指令也带来或升级了洪水风险制图技术，并激励执行方采取基于自然的防洪方式，而非政府环保组织的地位也因此提高。在法国，欧洲一体化则增加了中央政府的权力，强化了它对地方洪水风险管理策略的影响。

2.3　阻碍多样化的因素

研究人员发现阻碍多样化的综合性因素包括：资源匮乏、沉没成本、路径依赖。

资源匮乏往往是最根本的原因。没有资源，无法保证洪水治理的投入，也无法实现洪水风险管理策略的多样化发展。如尽管波兰缺乏贯彻洪水防御策略所需的资源，依然将洪水防御视为最优策略。调查结果还表明，比利时因缺乏资源，所以未能有效落实洪灾准备策略。

其他阻碍多样化发展的综合性因素可以归纳为两大类——沉没成本和路径依赖。沉没成本，指的是：由于过去专注于某项主导策略（往往是洪水防御），现在执行方认为，如果要走向多元化，不仅难度高，而且未必能实现预期目标。研究表明，在六国之中，过去对洪水防御基础设施的投资都被称为稳定性因素，它削弱了执行方的改革意愿。有些洪水多发区内的城市化开发已成定局，这也增加了多元化发展的难度（荷兰西部的情况就是如此）。大量财政投资用于防洪基础设施，学术圈也积累了与这些基础设施相关的专业知识，这不仅增加了收益，而且也导致更多的沉没成本。之前的基础设施投资实际上降低了执行方采用创新措施的可能性（波兰、法国和荷兰案例），追加防洪大堤建设投资就成了成本效率最高的方案（荷兰案例）。研究还发现，行政管理部署的变化、专业知识和基础设施的开发（资源）都会产生高交易成本，所以执行方往往缺乏改革法律法规（规则）的积极性。但同时，STAR-FLOOD 项目调查也发现了相反的例子：有时，规则改革相对简单；有时，这些规则的现有形式已经为多样化发展创造了条件。实际上，目前最需要的，是责任感强、拥有权力和机制，而且能运用这些权力和机制推动多样化的执行方。

波兰和其他五国的案例显示，洪水发生之后，水安全问题往往被提上政治议程。但是荷兰和波兰的案例却表明，洪水过后，执行方更有理由坚持以洪水防御为主体的政策思路（安全第一）（考夫曼等，2016a，b）。从这个角度看，洪水未必只是多样化发展的动力，它也可能激励执行方强化某些特定的现有策略。如 1998 年和 2000 年洪水之后，英国的应急管理和洪水预警状况大为改观。

2.4 经验教训：多样化的必要性和可能性❶

STAR-FLOOD 项目的第一个初始假设试图解答这一问题——如果能够落实灵活多样、协调连通、目标一致的洪水治理综合策略，能够在多大程度上增强社会的防洪能力？研究人员至少必须从两个视角出发考察这个复杂的问题。

第一种视角是，多样化洪水风险管理策略的贯彻实施其实是实现防洪目标的必要条件（廖，2012）。表面上，洪水防御措施能够提高社会阻抗洪水的能力，但是考虑到欧洲在城市化和气候变化时代面临的洪水风险以及隐患，如果仅仅依赖防御策略，根本不可能实现预期目标。如果治水思路单一，洪水风险管理策略就缺乏灵活性，无法应对新形势下的风险。基础设施也会出故障，洪水也可能超过设计标准。从这一视角看，荷兰的现状让人担忧：因为洪水造成的实际后果可能会异常危险（严重破坏社会秩序）。由于过去的选择太单一，再加上荷兰境内某些无法摆脱的实际环境和自然条件，今日的形势愈发危险。与此同时，当前的洪水风险管理策略部署也存在问题：在目前的规划决策中，和其他空间功能相比，洪水预防功能未能引起足够重视。换言之，社会根本不可能具备完美的、绝对的洪水阻抗能力。一个系统能够承受一定的负荷，但是不能防御无限的风险。以统计设计概念为依据，防洪工程能够承受其设计范围内的洪水（如百年一遇的洪水），但是一旦实际发生的洪水超标，防洪工程就可能失效。因此，从上述视角看，必须提高全社会的抗灾意识。总之，应该保持这样的立场：清楚"事故—安全"方案的局限性，没有什么万全之策：转而寻求"安全—事故"的方案，即使发生溃坝之类的事故，也应力保安全（昆泽维奇和竹内，1999）。

---

❶ 本节内容主要以赫格尔等（2016）撰写的论文为依据。

第二种视角则更加谨慎：即使成功实施多样化策略，也未必能保证社会的抗洪能力。毕竟回顾性评估结果表明，有的国家切实贯彻了所有洪水风险管理策略，既有很强的洪灾吸收和恢复能力，又具备很强的适应调节能力，但是这些国家的洪灾伤亡人数和损失并不是最低的，甚至可以说，在基于抗洪能力的政策思路下，并没有明显地避免损失和人员伤亡。英国应该改进策略，进一步降低其洪水风险。但是考虑到英国人秉持的规范性观点，即宁愿接受牺牲，也要尽可能地阻抗某些（更严重）洪水，也不能一味地批评它的洪水风险管理策略。英国采用多样化的洪水治理策略，能够较灵活地应对洪灾，而且到目前为止，并未因洪灾暴发而考虑彻底改变洪水风险管理部署。从某种程度上说，英国的洪水风险管理系统还是有效的，但是值得评议的教训也不少，详情参阅当前政府编写的《国家抗洪能力评述》。

　　调查结果表明，必须更谨慎地辨析本项目的初始假设，即多样化能够增强抗洪能力。洪水风险管理策略多样化并不足以保证社会的抗洪能力，实际上，每项策略本身都必须切实有效——这才是最基本的要求。此外，STAR-FLOOD 项目对各国所做的分析表明，特定的洪水风险管理策略，政策领域和执行方之间必须相互协调——高效的桥接机制和程序同样重要（威灵等，2017）。因此，回顾项目的初始假设时得出的结论是：洪水风险管理策略多样化只是提高社会抗洪能力的部分必要条件。另外一项重要的考察结果是各种不同的因素会推动洪水风险管理策略多样化的发展。不仅荷兰和波兰，法国和比利时也做出了一定程度的努力，发展"替代性"洪水风险管理策略。其中部分原因是尽管这些国家都以洪水防御为主导策略，但是执行方希望开发出"万全之策"，即使发生溃坝之类的事故也有后备方案，能够起到缓冲、应急的作用。英国情况完全不同，65 年来，英国坚持实施洪水综合治理，多样化已经成为其洪水风险管理策略的显著特征。在瑞典，由于洪灾次数增加，加上执行方担忧气候变化会增加洪水风险，该国逐步实施多样化的洪水风险管理策略。我们的结论是，洪水风险管理策略多样化并非抗洪能力的保证，但它可能是提高抗洪能力的重要的先决条件之一。研究表明，其他因素也可能提高社会的抗洪能力（图 2.1）。

图 2.1　STAR-FLOOD 小组在安特卫普码头

参 考 文 献

Alexander M，Priest S，Micou AP，Tapsell S，Green C，Parker D，Homewood S（2016）Analysing and evaluating flood risk governance in England – enhancing societal resilience through comprehensive and aligned flood risk governance. STAR – FLOOD Consortium，Utrecht.

Driessen PPJ，Dieperink C，van Laerhoven F，Runhaar HAC，Vermeulen WJV（2012）Towards a conceptual framework for the study of shifts in modes of environmental governance – experiences from the Netherlands. Environ Policy Gov 22：143 – 160.

Ek K，Goytia S，Pettersson M，Spegel E（2016）Analysing and evaluating flood risk governance in Sweden – adaptation to climate change? STAR – FLOOD Consortium，Utrecht.

Goytia S，Pettersson M，Schellenberger T，van Doorn – Hoekveld WJ，Priest S（2016）Dealing with change and uncertainty within the regulatory frameworks for flood defense infrastructure in selected European countries. Ecol Soc 21：23.

Hegger DLT，Driessen PPJ，Dieperink C，Wiering M，Raadgever GT，van Rijswick HFMW（2014）Assessing stability and dynamics in flood risk governance：an empirically illustrated research approach. Water Resour Manag 28：4127 – 4142.

Hegger DLT，Driessen PPJ，Wiering M，van Rijswick HFMW，Kundzewicz ZW，Matczak P，Crabbé A，Raadgever GT，Bakker MHN，Priest SJ，Larrue C，Ek K（2016）Toward more flood resilience：is a diversification of flood risk management strategies the way forward? Ecol Soc 21：52.

Kaufmann M，Lewandowski J，Choryński A，Wiering M（2016a）Shock events and flood risk management：a media analysis of the institutional long – term effects of flood events in the Netherlands and Poland. Ecol Soc 21：51.

Kaufmann M，van Doorn – Hoekveld WJ，Gilissen HK，van Rijswick HFMW（2016b）Analysing and evaluating flood risk governance in the Netherlands. Drowning in safety? STAR – FLOOD Consortium，Utrecht.

Kundzewicz ZW，Takeuchi K（1999）Flood protection and management：quo vadimus? Hydrol Sci J 44：417 – 432.

Larrue C，Bruzzone S，Lévy L，Gralepois M，Schellenberger T，Trémorin JB，Fournier M，Manson C，Thuilier T（2016）Analysing and evaluating flood risk governance in France：from state policy to local strategies. STAR – FLOOD Consortium，Utrecht.

Liao K（2012）A theory on urban resilience to floods—a basis for alternative planning practices. Ecol Soc 17：48.

March JG，Olsen JP（2008）The logic of appropriateness. In：Moren M，Rein M，Goodin RE（eds）The Oxford handbook of public policy. Oxford university press，Oxford，pp 689 – 708.

Matczak P，Lewandowski J，Choryński A，Szwed M，Kundzewicz ZW（2016）Flood risk governance in Poland：looking for strategic planning in a country in transition. STAR – FLOOD Consortium，Utrecht.

Mees H，Crabbé A，Alexander M，Kaufmann M，Bruzzone S，Lévy L，Lewandowski J（2016）Coproducing flood risk management through citizen involvement：insights from cross – country comparison in Europe. Ecol Soc 21：7.

Priest SJ，Suykens C，van Rijswick HFMW，Schellenberger T，Goytia S，Kundzewicz ZW，van Doorn – Hoekveld WJ，Beyers JC，Homewood S（2016）The European union approach to flood risk management and improving societal resilience：lessons from the implementation of the floods directive in six European countries. Ecol Soc 21：50.

van Buuren A，Ellen GJ，Warner JF（2016）Path – dependency and policy learning in the Dutch delta：toward more resilient flood risk management in the Netherlands? Ecol Soc 21：43.

van Rijswick HFMW，Havekes H（2012）European and Dutch water law. Europa Law Publishing，Groningen.

Wiering M，Kaufmann M，Mees H，Schellenberger T，Ganzevoort W，Hegger DLT，Larrue C，Matczak P（2017）Varieties of flood risk governance in Europe：How do countries respond to driving forces and what explains institutional change? Glob Environ Chang 44：15 – 26.

第 3 章

利用桥接机制，加强执行方、各级各部门之间的协调沟通，提高策略之间的连通性

德赖斯·赫格尔，彼得·德赖森和马洛斯·巴克

3.1 条块分割和多样化之间的关系

如果能以适当的方式，确立并落实洪水风险管理策略多样化制度，应该能实现预期目标；但在实施这一制度的过程中，必须保证策略部署的综合性和协调性。在绝对理想状态下，执行方可以在多样化过程中，完全避免条块分割现象。也就是说，单个的执行方，无论是公共还是私营实体，组织、部门、团体甚至是个人，都应该全权负责和洪水风险管理相关的所有任务。但实际上，这种理想状态并不存在，而且将来也不可能出现。根据调查结果，条块分割现象可分为如下几类（吉利森等，2015）：

（1）不同洪水治理部署分支中不同的执行方负责不同的洪水风险管理策略（如法国和波兰）。

（2）某个洪水治理部署分支内不同的执行方负责同一洪水风险管理策略（如英国、比利时和荷兰，不同的执行方负责从中央到地方不同级别的同一洪水风险管理策略）。

（3）不同洪水治理部署分支中不同的执行方负责同一洪水风险管理策略（如荷兰，不同的执行方分别负责河流洪水和暴雨洪涝的防护策略）。

（4）同一洪水治理部署分支内不同的执行方负责不同的洪水风险管理策略（如比利时，水管理员重点负责洪水防御和缓解策略）。

如果存在条块分割现象，必须建立桥接机制，即执行方之间采用各种方式实现互联互通，在贯彻不同的洪水风险管理策略过程中，加强沟通和互动，以解决条块分割造成的问题。

我们发现，尽管六国都致力于增强策略部署的综合性和协调性，但取得的成效不尽相同，各国的条块分割现象严重程度也不一样。在英国、比利时和瑞典，多项洪水治理部署分支的权力基础大同小异。英国的水系统包括众多执行方，各种资源、话语和治理级别，

但是非正式桥接程序较完备，执行方和法律要素之间互联互通，策略部署综合性和协调性较强。比利时的情况与英国相似，但比利时是联邦制国家，局势更复杂，条块分割现象也更严重。研究人员发现，在荷兰有一项水系统部署分支相对而言占有主导地位，多样化发展也主要体现在这一分支之内。在此部署分支之内，洪灾准备和预防策略得以有效实施，但是恢复策略不尽如人意。荷兰的"安全地区"制度是用来应对多种风险的，它和水系统部署分支之间依旧缺乏沟通。在法国和波兰，条块分割问题格外突出：各项部署分支的执行方各自为政，管理范围狭窄，桥接机制要么缺失，要么形同虚设（马特扎克等，2016）。水管理和空间规划策略之间缺乏必要的联系，这是一种常见的条块分割现象。这两个政策领域应该通过桥接机制实现互联互通，但实际上，有些国家显然忽视了这一问题。

我们得出结论：洪水风险管理策略多样化进程中，可能会产生条块分割，而条块分割又会阻碍洪水风险管理策略的实施，在抗洪能力、效率和合法性三个方面，削弱策略的效力。许多国家已经着手解决条块分割问题，它们建立桥接程序和机制，以确保执行方、洪水治理部署分支和洪水风险管理策略之间的连通性。所以，尽管 STAR-FLOOD 项目暴露出条块分割问题，但我们认为，不应把条块分割问题视为永久性弊病——它可能只是各个国家在多样化进程中必须经历，终将克服的阶段性难题。我们还发现，综合治理策略的协调性正逐步增强，桥接机制也日益完善。比利时的条块分割现象突出，但是它也贡献了克服条块分割的先进操作方法（米斯等，2016a，b）。比利时行政管理体制复杂，各地区（佛兰德斯、瓦隆地区和首都布鲁塞尔）有很大的自治权，所以产生了严重的条块分割现象。正是在这种不利条件下，比利时开发出多种桥接机制。英国的治水系统也存在同样的问题，其洪水风险管理策略的职责分配异常复杂，牵涉各级各部门，但事实证明，英国的洪水治理部署具有高度的灵活性（亚历山大等，2016）。

3.2　政府、企业，非政府组织和公民参与洪水治理

3.2.1　政府执行方在洪水治理中的作用

各级政府执行方都承担洪水治理任务。政府执行方可分为国际/欧洲级，国家级和地区/地方级。在 STAR-FLOOD 项目中考察了六个国家，它们全都试图在地方灵活性和国家的统筹协调之间维持微妙的平衡。有些国家协调不足（如瑞典），而在另一些国家，地方缺乏足够的资源，执行方无法履行其应尽的责任。概括地说，地方和地区执行方往往负责落实洪水风险管理措施，而国家级执行方则负责把握战略全局，在全国范围内推广落实特别重要的措施。国际级执行方则主要负责程序性导向（如欧洲《洪水指令》），原则和决策框架（如经合组织水治理原则）的制定。

3.2.2　企业在洪水治理中的作用

为了提高抗洪能力，需要投入各类资源，发挥多种能力，但是政府机构不可能完全具备这些条件。所以，应吸引各种类型的私营执行方参与洪水治理，其中包括完全私有的公司和准商业公司（如英国公共事业公司，虽然是私有公司，但是受到严格的管制）（亚历山大等，2016）。

2012年英国出台的合伙基金方案是公私合作的成功案例。项目扶持资金由食品、环境和农村事务部公示，由环境署负责发放，必须获得源自地方的基金的支持，地方主管部门、私营部门或民间社团参与基金筹集（食品、环境和农村事务部，2011）；因此，基金合伙人根据风险分担约定，分摊项目成本，而且以具有法律约束力的合同明确项目成本分摊方案。采用这种方法，那些新型的执行方（它们的经济利益和洪水风险管理策略相关）能够参与和项目有关的治理部署。有的国家建立了私营保险机制，能够在洪灾之后提供事后补偿，这些国家必须确保公共规则和负责实施规则的私营企业之间的平衡，所以，公私执行方之间的合作不可或缺。如立法/公共主管部门就承担这一重要任务：制定法规和办法，用来鼓励、激励或强制居民实施各项措施，其中包括洪灾预防或适应性建筑措施。

3.2.3 社团、非政府组织和公民在洪水治理中的作用

实际上，公民和非政府组织的洪水风险意识往往较弱，他们未必总是有清晰的行动思路，所以无法有效应对风险，而且他们往往并不了解自己的法律地位。如荷兰法律规定，堤坝保护区的公民应享受洪灾保护权利。但是在比利时和英国，就没有这种法规（考夫曼等，2016；米斯等，2016a，b；亚历山大等，2016）。我们发现，洪水管理员和政治家应该提高沟通技巧，更有效地向私营执行方传达洪水风险状况和行动思路。我们认为，洪水管理员应该重视沟通环节，应让公民和非政府组织清楚了解风险状况如何，为了应对风险，有哪些方案可供选择等。换言之，洪水管理员应该用简明的语言解释清楚面对洪水的风险，首先得选择是以降低洪水发生的概率为重还是以减轻洪灾后果为重？其次应该考虑如何分摊成本，分配效益？此外，我们还发现，有时候，公民显然对洪水问题不感兴趣，即使洪水风险很高，他们的反应也比较淡漠。

但是，公民是重要的洪水风险管理策略执行方。作为居民，他们能够在家门口采取行动，如减少硬化表面面积，并对房屋作防洪处理。此外，公民有权了解其居住地区的洪水风险（参见《洪水指令》等）；从民主合法性视角看，在确定可接受风险水平的过程中，他们应该参与决策；如果政府或私营执行方没有谨慎处理洪水风险，损害了公民的财产安全，又或者，政府或私营执行方采取的防洪措施损害了公民的利益，公民还应该能够按照其意愿，对政府或私营执行方提出异议，捍卫自己的利益——比如在法院提起诉讼。例如，如果政府或私营执行方决定疏散居民，而不是采取其他防洪措施，公民应该能够走进法院，质疑这一决定；反之，如果政府或私营执行方决定采取其他防洪措施而非疏散，公民也应能够在法院提出质疑。

我们发现六国的洪水治理主管部门实际上都面临共同的难题，即如何吸引公众参与洪水风险管理，但是各国具体情况依然有差别。几个国家之中，公民的洪水风险意识普遍不足，但是具体程度不同，其中荷兰、比利时和瑞典情况最严重（考夫曼等，2016；米斯等，2016a，b；埃克等，2016）。我们发现，在这些国家中，公民缺乏具体的防洪知识：他们不知道，（潜在的）洪灾会给他们的财产带来什么样的影响；不了解洪水发生的概率；也不知道一旦洪灾暴发，可以采取哪些方式应对。而在洪灾相对频繁的国家，如法国、英国和波兰，公民的洪水风险意识较强，其中波兰公民的风险意识最强。由于洪水管理员使用的语言太专业，如重现期或复发间隔的科学计算等，公众很难理解，管理员也难以解

释，所以双方很难就洪水风险实现有效沟通（克利金等，2008）。某些国家还存在一种制度性文化现象：洪水管理员居高临下地传授知识，发表意见。为改变这种现象，当务之急是，应鼓励洪水管理员和公民掌握并使用双向沟通/参与技巧。

为了提高公民应对洪水的能力，做到有备无患，可以开展大型宣传活动，借以提高公众的风险意识。但问题在于，这到底是不是最明智的选择，最合算的投入？决策者应该批判性地分析这一问题。针对洪水风险行为适当性的研究表明，洪水经验和滨水环境才是决定公众风险意识水平的因素（马特扎克等，2016；威灵等，2017）。在很少发生洪水的国家/地区，人们往往觉得疑惑：加大投入以增强公众的风险意识，会不会得不偿失？不如加强危机协调策略，能够在洪水发生的时候，迅速告知居民应采取哪些行动。但是根据欧盟和国家法律法规，公民有获得相关信息，了解洪水风险的权利，从这个角度看，各国必须加大投入，增强公民风险意识，这是执行方无法逃避的责任。如果公民提前了解洪水知识，做好思想准备，这会大大增强危机实际发生时候风险沟通的效果。洪水期间，局势瞬息万变，如果风险沟通迟缓，联系困难，或是人们做出不理智、和预期行为不同的反应，形势将更加危急。最起码，应识别高风险和弱势群体（老人、单亲父母、移民、贫困家庭等），并面向他们做好（额外的、有针对性的）洪水风险沟通工作。

六国的洪水治理从业人员和公众互动之后，公众往往认为，应对洪水主要是政府执行方的职责，他们还觉得防洪工程是最可靠的解决方案。和英国和法国相比，在荷兰、比利时和波兰，公众更加普遍认同这些观点（亚历山大等，2016；埃克等，2016；考夫曼等，2016；马特扎克等，2016；米斯等，2016a，b；拉鲁等，2016）。但其实，在法国、比利时和英国，"治水靠政府"的态度和与洪水有关的公民法律地位格格不入。荷兰宪法规定，居住在堤坝保护区内的荷兰公民应受到保护，免受洪灾影响，这是他们的合法权利，荷兰的《水法案》也提供了明确的安全规范。而在法国、比利时和英国，宪法并未就公民的洪水保护权利作出明确规定，也没有划定治水主管部门的权力。在许多国家，治水主管部门依据成本—效益分析作出与可接受风险水平相关的决策。

公众没有积极参与洪灾预防和缓解的过程，这显然不利于社会抗洪能力的提高。目前某些公民认为，洪水治理是政府的责任，与个人关系不大，这种态度打消了人们的积极性，不利于公、私执行方合理分担治水责任。为了创造条件，改变责任分配现状，最好能召开公共辩论会，让执行方根据讨论结果自觉自愿地承担各自的责任。据报告，某些地方主管部门已经在这一领域取得了先进经验，即在地区范围内，从初始阶段就吸引居民参与决策，讨论应该由谁实施哪些防洪措施，从而明确责任分配。英国在制定社区洪灾应急计划时，就采用了这种方式。这样一来，公民和主管部门共同制定相关政策，能够避免如下不良倾向：决策者已经决定主要政策之后，在后期各阶段才允许公民参与，将公民视为仅仅负责贯彻政策的执行方（米斯等，2016a）。如果公民能够在初始阶段就参与决策，决策过程将更复杂，但是其合法性更强。于是，我们面临的新问题就是，在讨论其他议题（如国家的安全水平目标，《洪水指令》框架内的适当保护概念，以及是否应该采用空间规划或疏散策略，替代防洪工程建设等）时是不是也应该采用这种方法，鼓励公民参与洪水治理呢？

新技术的运用也能吸引更多公民参与洪水治理，其中包括智能手机应用软件、报警系统、网站和洪水图（亚历山大等，2016）。但是，这些信息平台却将某些特殊的高危人群拒之门外，因为他们要求公民积极主动地搜索信息。老年人可能缺乏使用高科技手段的能力，无法读取信息，也可能根本想不到要去搜索这些信息；单亲父母可能没有时间；移民/外籍人士可能会因为语言障碍，读不懂这些信息；贫困家庭可能没有智能手机，或是不能随时联网。调查发现，各种鼓励社区公民参与治水策略的机制正在发挥作用。如英国越来越重视自主抗洪，并且能够充分发挥洪水行动团体的作用。环境署和地方主管部门在洪水风险较高的地区积极鼓励公众成立这种防洪社团，环境署和地方主管部门还与国家洪水论坛合作，在这些团体筹备和持续运作期间，给予帮助和建议。其他提高公众参与度的先进操作方法就是佛兰芒地区的信息告知责任制，根据这一制度，物业卖家必须主动告诉潜在买家该物业面临的洪水风险。应该通过互联网出版物和小册子广泛传播这种和建筑地点的洪水风险相关的信息。其他国家无需改变现有的制度和法律设置就可以引进这一方法。该方法的实施无须大量资源，而且它将有效提高公民的风险意识。

3.2.4 多执行方群策群力

如上文所述，可以通过多种渠道，促进洪水风险管理过程中的公私合作：广开门户吸引公众参与，公私合伙，自主抗洪等。换言之，多执行方群策群力，才能实现治理目标。而之前专家对公私合作的解释是"让市场各方/公司在洪水治理中做得更多"——相比之下，之前的解释太狭隘，创新空间太小。英国不仅在话语中倡导"群策群力"，而且还在实践中贯彻这一策略；法国和比利时刚刚开始采用这一策略（亚历山大等，2016；拉鲁等，2016；米斯等，2016a，b）。相比之下，荷兰和波兰仍然完全依赖政府，制定并贯彻洪水保护措施。随着洪水风险管理策略多样化（本书的主要内容之一）的进一步发展，由于政府执行方人数有限，几乎根本不可能监管并贯彻所有的洪水风险管理策略组合，所以，多执行方群策群力逐渐会成为不二之选。因为政府执行方在采纳规则的时候，它是洪水风险管理策略和措施的协调者和推动者，而非实施者，所以可以将"群策群力"视为执行方和策略之间的桥接机制。

3.3 各行政管理级别之间的桥接：兼顾地方灵活性和整体协调性需求

STAR-FLOOD项目涉及的国家都面临着如何在地方灵活性和整体协调性需求之间谋求平衡的难题。自上而下的指导太多，可能会限制地方灵活性，阻碍地方执行方因地制宜，实施最合适的治水方案。但如果协调不足，又会阻碍地区之间的相互交流（学习），也无法顺利解决上下游问题。有些国家显然更好地平衡了地方灵活性和整体协调性需求。在瑞典，应对洪水风险主要是地方政府的责任（埃克等，2016）。在瑞典，市政府拥有很大的自治权。我们认为，这种体制在一定程度上起到了积极作用，因为它允许地方政府因地制宜，灵活采用最合适的洪水治理策略，但是，由于国家政府未能有效地承担协调责任，市政府可能会陷入闭门造车的窘境，无法相互学习，相互借鉴。法国的情况则与直觉相反：研究人员发现，通过市政府之间的合作，尤其通过地方洪水行动计划的实施，地方政府获得了更大的空间，能充分发挥积极主动性（米斯等，2016）。

图 3.1　2013 年 4 月 23 日，在瓦赫宁思市荷兰三角洲计划知识
会议上的 STAR-FLOOD 项目专题讨论会

　　各种多级治理程序也有助于各级政府间的合作和平衡。荷兰政策计划的特色是，不同级别的政府执行方之间能够精诚合作。最近收尾的"为河流创空间"计划就体现出这一特色——这个国家政策计划包含 30 个项目，旨在增加荷兰境内数条大型水道的水流空间。三角洲计划也是如此——它是一项战略性计划，着眼于长期目标，旨在保证洪水防护和淡水供应（图 3.1）。尽管合作过程中难免遇到困难，但是对这些计划所作的研究表明，它们的整体绩效可圈可点（范·布伦等，2014）。我们又发现，比利时和英国也建立了桥接机制以实现多级治理。在英国，环境署负责把握洪水治理全局，其中包括和所有类型的洪水相关的策略，而先导地方洪水主管部门和内部排水委员会以及其他执行方负责各地的洪水治理。在比利时，市政府内空间规划和环境部门的作用越来越重要（米斯等，2016a，b）。比利时地区级执行方负责协调这两部门的行动，并且给予鼓励，在佛兰德斯地区，由佛兰芒环境署负责协调，在瓦隆地区，则通过子流域范围内适用的河流契约进行协调。而在波兰，地区和国家级政府执行方起主导作用，一定程度上妨害了地方灵活性。

　　各级政府之间摩擦不断。研究人员在考察这些摩擦的背景时发现，去中心化是大势所趋。研究表明，这种去中心化并不名正言顺，它往往导致财政和行政负担从国家政府转移到地方，而国家政府依然不愿放权。实际上，洪水治理需要结合自下而上和自上而下的工作模式。一方面，在总体范围内，应针对某些问题开展战略性讨论，如社会愿意接受的风险，风险应对责任的分配等；另一方面，应为自下而上的工作创造更广阔的空间，当地利益相关方（最好是水文层面的利益相关方）应根据他们的目标共同拟定洪水风险管理计划，而更高级别的政府（国家和欧盟政府）则应提供基金和专业知识支持。在这方面，瓦隆市和法国的河流契约能起到示范作用。

3.4　洪水风险管理策略的桥接

3.4.1　空间规划桥接作用：强化洪水预防和洪灾缓解策略

　　空间规划应该具有整体性，所以从理论上讲，将空间规划纳入洪水风险管理策略，有助于执行方应对洪水风险，尤其值得一提的是，这样做能够强化洪水预防和洪灾缓解策略。空间规划的任务是组织整合社会的空间需求。空间规划必须拓展经济开发空间、住宅空间、自然空间等。洪水风险管理对空间的需求往往会和其他空间需求产生冲突。是否应该考虑洪水风险管理问题，如何加以考虑，这实际上都是在权衡轻重缓急，而且必须谋求平衡，不能无视其他空间诉求。在治水学科领域内，专家已经开始探讨如何将洪水问题纳入空间规划——但是主要针对新建地区，而非已建地区，如英国采用序贯和例外测试实现这一目标。但实际上，这种做法有时未必奏效。在 STAR-FLOOD 项目的六国中，都有治水空间需求与其他空间需求（如经济开发和住宅供应）相冲突的案例。其实，只要在与可接受风险水平相关的政治讨论中，所有受权衡结果影响的利益相关方都有充分的发言权，而且能充分共享信息，那么需求冲突就能有效解决。但是事实情况未必如此，洪水风险往往没有得到应有的重视。虽然有法可依，但是相关法规往往没有就这一问题作出明确的指示；有时候，法律法规还有待完善。总之，研究人员发现，有时水管理员无权强制执行相关法规；有时，现有的法规并没有得到充分利用。如空间规划官员在理论上有权规范开发方案，从治水角度出发予以限制或是添加要求，但是他们往往不愿意行使这些权力。

我们发现了一些先进的操作方法，如比利时的《水评估》和《信号地区》等法规（米斯等，2016a，b）。2010 年洪水之后，《水评估》法规受到批评，相关执行方彻底改良该法规，效果显著。所以，现有法规的有效性才是重点所在。为确保这些法规的贯彻落实，公共和私营方必须有强制执行能力。在法国，现有的政策能禁止在洪水风险高的地方进行城市开发，而且相关执行方切实贯彻了这一强硬的政策（如洪水风险预防计划）。而荷兰的情况与之相反，在应对洪水风险问题上，那里的空间规划伸缩性太大（考夫曼等，2016）。理论上，灵活的规则能够增加政策的适应性，但是在荷兰，事实证明这样的规则不利于在空间规划中落实洪水风险管理策略，因为规划者依然认为，水管理员只应该在规划中起从属作用，而且应以实现空间开发为目标——这就是规划领域内的主导话语（经合组织，2014；范·里斯威克和哈沃克斯，2012；威灵和艾明克，2006）。

不仅地位不高，作为空间规划一部分的洪水风险策略还面临另外一个不利因素：实用知识交流不足。如不了解建筑物的防洪处理成本，与之相关的建筑要求也有待完善。但是在不少国家，这一情况已经有所改善。

综上所述，我们认为，由于洪泛区的开发既成事实，所以全面禁止可能并不现实，但是必须加大投入，实现适应性开发，并且改造洪水风险高的现有城区，以提高其适应能力（可持续城市排水系统就是方法之一）。

3.4.2 空间管理在应急管理中的作用：防御、预防和准备之间的桥接

六国全部实施了洪灾准备策略。所有国家中的准备策略都至少包括两类活动：洪水预报和应急管理。前者和气象服务部门联系紧密，如在英国，环境署和气象局联手成立了合作组织——洪水预报中心。同时，六国也确立了和各类危机管理相关的通用制度（如荷兰的安全地区法规，由第一类、第二类响应人员构成的英国地方抗灾论坛、瑞典的国家应急署和法国、比利时和波兰类似机构），而洪灾应急制度就是其中不可分割的一部分。各国采用多灾害管理方式，由性质相似的组织应对不同类型的（自然和人为）灾害。这样的部署本身有积极意义：尽管其他灾害相比，洪灾有其特殊性，但是人们往往需要采取类似的

手段（社区通告，疏散人群，提供避难所），来响应这些灾害。

　　但是执行方仍然需要加强应急管理和其他与洪灾相关的政策领域之间的联系。如制定空间规划时，必须充分考虑并满足应急管理的空间需求，其中包括通往高地和避难所的疏散路线。调查显示，各国对这种联系的重视程度并不相同。研究人员还发现，在某些国家（如荷兰），和其他危及外部安全的问题相比，应急管理部门似乎对洪灾不够重视。应急管理部门必须激励公民采取适当的行为，但是某些国家（比利时、荷兰和瑞典尤其如此）在这方面的表现不尽如人意（详情参见第 4 章）。

3.4.3　洪水风险管理和保险部门之间的桥接：预防和恢复

　　可以由保险/补偿部门制定激励方案，确保洪水过后，社区不仅能恢复正常，而且能够吸取经验教训并作出调整，尽量减少未来的洪灾损害。从理论上讲，主管部门可以充分挖掘恢复策略的潜力，鼓励预防行为，如劝诫居民不要在高风险地区居住，采取缓解措施（推广适应性建筑）等。我们发现，现有的法律框架还有待完善，以增强恢复、预防和洪水缓解策略之间的联系。执行方可以利用恢复机制，提高受灾地区迅速修复的能力，并且清除法律障碍，推行更多加强联系的措施。（苏肯斯等，2016）

参 考 文 献

Alexander M，Priest S，Micou AP，Tapsell S，Green C，Parker D，Homewood S（2016）Analysing and evaluating flood risk governance in England – enhancing societal resilience through com – prehensive and aligned flood risk governance. STAR – FLOOD Consortium，Utrecht.

Department for Environment，Food and Rural Affairs（Defra）（2011）Flood and coastal resilience partnership funding：an introductory guide Available from https：//www. gov. uk/government/uploads/system/uploads/attachment _ data/file/182524/flood – coastal – resilience – intro – guide. pdf.

Ek K，Goytia S，Pettersson M，Spegel E（2016）Analysing and evaluating flood risk governance in Sweden – adaptation to climate change? STAR – FLOOD Consortium，Utrecht.

Gilissen HK，Alexander M，Beyers JC，Chmielewski P，Matczak P，Schellenberger T，Suykens C（2015）Bridges over troubled waters：an interdisciplinary framework for evaluating the interconnectedness within fragmented domestic flood risk management systems. J Water Law 25：12 – 26.

Kaufmann M，Van Doorn – Hoekveld WJ，Gilissen HK，Van Rijswick HFMW（2016）Analysing and evaluating flood risk governance in the Netherlands. Drowning in safety? STAR – FLOOD Consortium，Utrecht.

Klijn F，Samuels P，Van Os A（2008）Towards flood risk management in the EU：state of affairs with examples from various European countries. Int J River Basin Manag 6：307 – 321.

Larrue C，Bruzzone S，Lévy L，Gralepois M，Schellenberger T，Trémorin JB，Fournier M，Manson C，Thuilier T（2016）Analysing and evaluating flood risk governance in France：from state policy to local strategies. STAR – FLOOD Consortium，Utrecht.

Matczak P，Lewandowski J，Choryński A，Szwed M，Kundzewicz ZW（2016）Flood risk governance in Poland：looking for strategic planning in a country in transition. STAR – FLOOD Consortium，Utrecht.

Mees H，Crabbé A，Alexander M，Kaufmann M，Bruzzone S，Lévy L，Lewandowski J（2016a）Coproducing flood risk management through citizen involvement：insights from cross – country comparison in Europe. Ecol Soc 21：7.

Mees H，Suykens C，Beyers JC，Crabbé A，Delvaux B，Deketelaere K（2016b）Analysing and evaluating flood risk governance in Belgium. Dealing with flood risks in an urbanised and institutionally complex country. STAR – FLOOD Consortium，Utrecht.

OECD（2014）Water governance in the Netherlands：fit for the future? OECD studies on water. OECD Publishing，Paris.

Suykens C，Priest SJ，Van Doorn – Hoekveld WJ，Thuillier T，Van Rijswick HFMW（2016）Dealing with flood damages：will prevention，mitigation，and ex post compensation provide for a resilient triangle? Ecol Soc 21（4）：1.

Van Buuren A，Teisman GR，Verkerk J，Eldering M（2014）Samen verder werken aan de delta：de governance van het nationaal Deltaprogramma na 2014. Erasmus University，Rotterdam.

Van Rijswick HFMW，Havekes H（2012）European and Dutch water law. Europa Law Publishing，Groningen.

Wiering M，Immink I（2006）When water management meets spatial planning：a policy arrangements perspective. Environ Plann C 24：423 – 438.

Wiering M，Kaufmann M，Mees H，Schellenberger T，Ganzevoort W，Hegger DLT，Larrue C，Matczak P（2017）Varieties of flood risk governance in Europe：how do countries respond to driving forces and what explains institutional change? Glob Environ Chang 44：15 – 26.

第4章

洪水治理相关规则和资源

德赖斯·赫格尔，彼得·德赖森和马洛斯·巴克

4.1 洪水治理规则

4.1.1 在国家和地区范围内实施新规则和法规

随着洪水风险管理策略的多样化发展，和洪水治理相关的法律和法规也更丰富多元。策略多样化带来的第一个影响是：有些现行的规则、法规和水管理无关，但是由于牵涉和洪水相关的政策领域，如今也成为和洪水治理相关的规则，如空间规划法案法规和六国的应急机构相关的法规等。多样化带来的第二个影响是：翔实的新规则和法规以及相关的政策计划纷纷出台，如荷兰三角洲计划中的多层级安全相关规定、各类空间规划法规（比利时和荷兰的《水评估》法规）、综合洪水保护措施相关的具体计划（荷兰的 Hoogwaterbeschermingsprogramme 计划，比利时的西格玛计划）、法国的洪水风险预防计划（考夫曼等，2016；米斯等，2016；拉鲁等，2016）。

执行方在国家和地区范围内实施新规则和法规的过程中，会遇上如下常见问题，其中有的只出现在个别国家，有的则更具普遍性。

（1）旨在通过空间规划预防洪水的规则往往无法执行（有法不依，执法不严），或者很难采用正确的规则（无法可依）。

（2）所有国家都必须加强现行规则和程序的灵活性，让主管部门能够适应不断变化的环境。

（3）应根据责任人规范性原则制定洪水风险管理措施的融资制度。如经合组织向荷兰提出建议，洪水多发地区空间开发商（或是同意开发的主管部门）应该支付洪水风险管理费用（经合组织，2014a）。

（4）为改进流程和（上游）持水制定透明的决策程序，吸引利益相关方参与决策全过程。

（5）选定持水地区的时候，不能以技术为纲，必须遵守决策程序，并邀请利益相关方

参与。

（6）大多数国家都必须修改建筑标准，否则市政府没有合法权利强制执行大部分与建筑或构筑物有关的措施——其中有许多已经超过国家建筑标准范畴。为解决这一问题，可以赋予地方政府相关权力，也可以根据现行法案授权。

（7）责任必须明确、规范（例如在国家灾害法中作出明确规定）：谁负责预防、防御、缓解、准备、应急响应和恢复。

4.1.2 欧盟《洪水指令》

欧盟成员国必须遵守《洪水指令》中的程序性规则，其中包括识别潜在洪水风险严重的地区（2011年首次完成），制作洪水灾害和洪水风险地图（2013年首次完成），制定洪水风险管理计划（2015年首次完成）。《洪水指令》颁布后，各国洪水风险管理策略发生了许多变化，但是很难确定，哪些变化是《洪水指令》引发的，哪些则是原本就会发生的变化。即便如此，我们发现《洪水指令》为改进洪水治理作出了多项贡献。如《洪水指令》强调，洪灾无法避免，唯有加强治理——这种思路可能也有消极意义，这意味着，即使是在洪灾可以避免的情况下，《洪水指令》也没有强制或鼓励成员国避免洪灾发生。调查结果表明，无论在波兰这种新加入欧盟的国家，还是在瑞典，《洪水指令》都具有重要的议程设定功能，因为它要求执行方探讨和各种洪水风险管理策略相关的措施，并激励执行方重视预防策略，而不是一味依赖响应性策略，如恢复和防御策略。《洪水指令》颁布之后，水管理员的洪水管理活动，让洪水管理指定资源等行为都有了法律依据（赫格尔等，2014；威灵等，2017）。多数国家的洪水地图以及洪水风险管理计划显然推动了所谓的"空间水治理"，即在组织空间规划过程中，在子流域范围内，考虑水和洪水管理因素（哈特曼和德赖森，2013）。除此之外，《洪水指令》的实施促进了国家之间的知识交流，如《水框架指令》的"共同实施策略"之洪水工作组就创建了交流的平台。该洪水工作组和STAR-FLOOD项目共同组织研讨会，探讨治水目标和措施的类型并确定其优先顺序，让各个国家有机会学习、效仿目前最先进的管理策略（赫格尔等，2014）。由于《洪水指令》是一项对成员国有约束力的指令，而不仅仅是一种策略，所以它发挥出巨大影响，毕竟《洪水指令》具有法律文书的地位，而不仅是参考。

同时我们还发现，另外一些国家（其中就有法国、荷兰）在实施《洪水指令》的时候，选择了一条"清醒的、合乎时宜的道路"——这是荷兰执行方原话（赫格尔等，2014）——以避免行政管理负担。究其原因，这两个国家早已开始贯彻这一治水思路，《洪水指令》只是将这一思路规范化、法制化而已。其实，这两个国家是《洪水指令》的发起者，又处于数条欧洲大型河流的下游，某些两国认为值得鼓励的政策其实在其国内已经落实，两国借《洪水指令》的东风，努力推广这些策略，以进一步加强跨境合作，并带动下游国家采取一致行动。另外，有一些证据表明，成员国不愿意在其洪水风险管理计划中制定过高目标（赫格尔等，2014），以免负责。《洪水指令》"以程序为纲"，这可能会妨害公民的司法公正权利。因为辖区法院并未获得相关权力、无法采取实质性的、有约束力的措施执行《洪水指令》，所以公民无法轻易去法院就计划内容提出质疑。还有个奇怪的现象：尽管《洪水指令》明确指出了对洪水造成的环境损害和污染的处理办法，但是在实施STAR-FLOOD项目的国家内，几乎不存在这一问题。

根据 STAR-FLOOD 项目调查结果表明，《洪水指令》注重程序性要求，有一定的适当性，毕竟各成员国的实体环境不同，处理洪水风险的历史途径不同，秉持的规范性原则不同；面对如此多元复杂的情况，《洪水指令》只能偏重程序。但是也应考虑到，这种偏重削弱了《洪水指令》的法律效力，由于该指令"以程序为纲"，一来主管部门不愿意制定高标准，切实降低洪水风险——因为它们不愿意承担责任，二来欧盟公民无法落实洪水风险管理措施。在特殊情况下，还需要出台更具实质性的要求，根据权力下放原则采取行动。

STAR-FLOOD 项目调查结果表明，《洪水指令》总体逻辑正确，范围适当，但是也有不尽如人意之处，希望能在下一轮《洪水指令》实施周期（至 2021 年）内，尽量解决这些问题。首先，程序性要求应该更加明确，应添加实质性要求，以强制成员国遵循先进的洪水治理原则。其中包括经合组织提出的治水原则：明确的职能和责任分配；在各种适当的范围内实现治理；有效的跨部门协调；确保软、硬能力；确保和数据信息有关的政策到位；考虑治理融资网络；有完备的规范性框架；激发创新潜能；提高诚信和透明度，完善问责制；吸引所有利益相关方参与，考虑资源的平衡分配问题；在用户、地点和代际之间谋求平衡；评估治理程序和结果，争取学习，调整并改进（经合组织，2014a，b）。如可以添加与洪水风险管理计划相关的实质性要求，更清楚地交代执行方责任问题；还可以在适当范围内，在洪水指令中添加桥接机制相关内容，如规定物业卖方的告知责任，目前在英国，佛兰芒地区以及法国，物业卖方有责任告知潜在买家其物业面临的洪水风险。其次，应谨慎地重新评估《洪水指令》的内容，考察公民强制其他执行方贯彻指令的能力，并明确公民的法律权利。假设主管部门作出决定，指定某地为面临潜在严重洪水风险的地区，如果公民能够去法院，或者能够以其他方式强制执行这一决定（目前这些决策都是上面拍板，要求基层实施），那么《洪水指令》将发挥更大的作用。同样，公民也应该能够强制要求洪水风险管理计划就具体目标和措施作出明确规定。最后，由于需要迅速完成洪水风险管理计划的制订工作，地方主管部门面临时间压力，这会限制他们的创新空间，挫伤他们的积极性（拉鲁等，2016），这说明过分严格地强制执行正式义务，可能反而达不到预期目标。在国际河流流域地区，《洪水指令》可以发挥更大作用，出台的相关规定就要求这些地区内多个国家之间相互合作，共同管理洪水风险。此外，《洪水指令》还可以更清楚地定义一些重要概念（普利斯特等，2016；苏肯斯，2015），也可以通过法庭解决问题，完成上述任务。在跨境河流流域，不应该再拘泥于程序性要求。程序性要求的意义是，各成员国完全拥有自由裁量权——正因为如此，《洪水指令》未作任何实质性规定，要求各国合作以实施洪水风险管理策略或措施。但是在跨境河流流域，一个国家颁布的措施显然会对该流域的其他国家造成影响。在这种跨境情况下，《洪水指令》应该要求流域内的所有国家共同实施同一项洪水风险管理计划，其中应包括关键要素（如风险激增）的统一定义，并确保流域内所有国家一致同意该共同计划的具体内容。合作要求应至少包括如下义务：交流和重要数据有关的知识，比如河流流域预测水量；告知下游国家拟采用的洪水风险管理措施，评估这些措施可能对下游造成的影响。此外，《洪水指令》还可以提出更多要求，在跨境情境下实现洪水风险共同管理，如综合考虑河流全流域内的洪水风险管理措施，或是建立共享知识基础设施。

4.1.3　权力下放，责任和协调

　　根据权力下放原则，应将决策权尽量下放到地方；至于协调和合作，则尽量由高级别机构负责。无论欧盟各国，还是大部分欧洲国家，都应广泛遵循这一原则。权力下放原则实际上是一种政治选择，它的知识依据是多级治理具有更强的合法性和灵活性。但是权力下放的过程中，肯定会出现条块分割现象。如果未经妥善处理，条块分割会影响洪水风险管理的效果，降低洪水风险管理策略的合法性。各位读者在探讨之前章节中介绍的调查结果时，请不要忘记上述背景。如尽管《洪水指令》是激发变革的有效法规，但是成员国必须自行决定做什么，如何做等。可以利用指令的力量，强制要求各国加强流域合作（即使存在政治平衡问题）。由于各国国情不同，职责分配法规各异，洪水保护水平也有差别，所以我们建议，在欧盟以及国家级别，都应该通过讨论确定应由谁负责哪些任务（图 4.1）。

图 4.1　荷兰多德雷赫特市的水位测量

4.2　洪水治理资源

4.2.1　STAR-FLOOD 项目六国的财政资源基础

　　STAR-FLOOD 项目六国都从多种渠道吸收资金，以实施各种不同的洪水风险管理策略。我们发现，各国都为不同的策略提供了不同的融资方案。洪水防御策略往往由公共资金支持，但是各国的洪灾恢复策略融资方案差别很大。简而言之，法国和荷兰往往通过公共融资方案为洪水风险管理策略提供资金。英国是鼓励私人投资，设立合作基金，但是约有 70% 的方案依然由公共基金资助。所以尽管资金来源多种多样，英国的洪水风险策略大多仍由公共资金支持。比利时和瑞典则介于法国、荷兰和英国之间。波兰主要依赖欧洲资助，而且实际上，那些必须在洪灾后重建家园的公民也会调用个人资源，实施洪灾恢复策略（亚历山大等，2016；埃克等，2016；考夫曼等，2016；拉鲁等，2016；马特扎克等，2016；米斯等，2016）。

　　荷兰有强大的公共资源基础，为洪水防御策略提供资金；三角洲基金则提供长期资助，确保主管部门能够采取各种措施，适应气候变化。法国则有强健的恢复制度（即采用公私合营模式的 CAT-NAT 系统）。英国刚刚出台合作基金方案，获得了一定的经验，但是仍处于摸索阶段，尚未实现优化运营。波兰资源严重匮乏。而在瑞典，洪水风险管理专项资源有限，但是能够从为实现其他公共目标而采取的措施（如水电站大坝）中吸取资金。在比利时，大部分策略都有完善的资源基础，但是准备策略缺乏足够的支持。

　　《洪水指令》的逻辑思路是，促进和洪水相关的跨境合作和知识交流。而其他欧洲政

策的逻辑思路是，应对欧洲境内严重自然灾害，并在受灾地区体现欧洲的团结精神。这就是 2002 年欧洲团结基金诞生的原因（欧盟法规 661/2014）。

综上所述，尽管存在多种融资机制，但是某些情况下，特定的洪水风险管理策略还是存在资金不足的问题。同时，执行方应该展开讨论，如何使用稀缺的财政资源。未来几年内将有重要的政策事宜：开展政治讨论，作出政治选择，将公民的"受保护权利"（无论是主观感知的，还是法律已经明文规定的）和逐渐紧缩的资源基础（许多地方公共主管部门都面临这一难题）结合起来，在作出决策的时候，应确保其合法性得到社会执行方的认可。在桥接机制中，资源也起关键作用，如有了资源，才能确保参与决策的执行方有必要的技能，确保私营执行方能够收取足够的报偿，增强他们参与治水策略的意愿（如贡献土地用于蓄洪）。

4.2.2 作为重要资源的知识、技术和态度

知识和学习能力将被视为重要资源。事实证明，通过研究开发计划和知识基础设施实现持续改进，这一点非常重要。说到知识基础设施，荷兰显然是先行者，荷兰实力强劲的水相关知识研究所，不仅制订了三角洲计划（这是个国家政策计划，重在开发并实施洪水治理和淡水供给长期策略），还推出专项临时研究计划（如气候知识、水与气候、水精英计划）（考夫曼等，2016）。这些举措推动了新知识的开发，现有知识的交流以及地区项目中的联合知识产出（赫格尔和迪佩林克，2015）。英国也有广泛的知识基础设施，如食品、环境和农村事务部/环境署研究和开发项目。该项目提供洪水和海岸风险管理证据，以满足政策和操作需求，其相关机构包括环境署，食品、环境和农村事务部，威尔士政府，自然资源威尔士，先导地方洪水主管部门，内部排水委员会，以及其他负责治水操作的主管部门。该项目通过对英国、欧洲和国际学术成果和实际操作的研究，开发并整合科学性强的最佳操作方法。四个专题咨询小组负责项目指导，在识别研究需求，权衡其优先顺序等方面提供帮助。专题咨询小组由来自洪水和海岸风险管理利益相关共同体的 20 位顾问组成，其中既有专家，也有部门代表。比如，2007 年成立的"在环境变化中生存"就是由 22 个公共产业组织构成的创新性联合体，负责资助并开展环境研究，考察相关证据，实现创新，并运用研究和创新成果。该联合体旨在向政府、企业和社团中的决策者提供知识、远见和工具，以缓解、适应环境变化，并在变化中谋取效益（http：//fcerm. net/about）。在法国，环境部每两年就组织一次会议，邀请法国所有与洪水相关的执行方参加。执行方可以借此机会交流经验。de CMI Mixt 委员会也是个专门研究洪水的国家级组织，为经验交流提供平台。欧盟研究基金能够进一步推动知识基础设施的开发，而欧洲多数国家也急需开发治水知识基础设施。在英国，发挥重要作用的资源是首席专家对洪水政策所作的正式评估（亚历山大等，2016）。但是，请不要忽视知识的反作用：投资知识开发和某些具体策略相关的知识社群（学术圈）会不断壮大，这会让路径依赖现象更加严重（威灵等，2017）。

参 考 文 献

Alexander M，Priest S，Micou AP，Tapsell S，Green C，Parker D，Homewood S（2016）Analysing and evaluating flood risk governance in England - enhancing societal resilience through comprehensive and aligned flood risk governance. STAR‐FLOOD Consortium，Utrecht.

Ek K，Goytia S，Pettersson M，Spegel E（2016）Analysing and evaluating flood risk governance in Sweden‐adaptation to climate change? STAR‐FLOOD Consortium，Utrecht.

Hartmann T，Driessen PPJ（2013）The flood risk management plan：towards spatial water governance. J Flood Risk Manag. https：//doi. org/10. 1111/jfr3. 12077.

Hegger DLT，Dieperink C（2015）Joint knowledge production for climate change adaptation：what is in it for science? Ecol Soc 20（4）：1.

Hegger DLT，Van Herten M，Raadgever GT，Adamson M，Näslund‐Landenmark B，Neuhold C（2014）. Report of the WG F and STAR‐FLOOD workshop on objectives，measures and prioritisation.

Kaufmann M，Van Doorn‐Hoekveld WJ，Gilissen HK，Van Rijswick HFMW（2016）Analysing and evaluating flood risk governance in the Netherlands. Drowning in safety? STAR‐FLOOD Consortium，Utrecht.

Larrue C，Bruzzone S，Lévy L，Gralepois M，Schellenberger T，Trémorin JB，Fournier M，Manson C，Thuilier T（2016）Analysing and evaluating flood risk governance in France：from state policy to local strategies. STAR‐FLOOD Consortium，Utrecht.

Matczak P，Lewandowski J，Choryński A，Szwed M，Kundzewicz ZW（2016）Flood risk governance in Poland：looking for strategic planning in a country in transition. STAR‐FLOOD Consortium，Utrecht.

Mees H，Suykens C，Beyers JC，Crabbé A，Delvaux B，Deketelaere K（2016）Analysing and evaluating flood risk governance in Belgium. Dealing with flood risks in an urbanised and institutionally complex country. STAR‐FLOOD Consortium，Utrecht.

OECD（2014a）OECD principles on water governance. OECD，Paris.

OECD（2014b）Water governance in the Netherlands：fit for the future? OECD studies on water. OECD Publishing，Paris.

Priest SJ，Suykens C，Van Rijswick HFMW，Schellenberger T，Goytia S，Kundzewicz ZW，Van Doorn‐Hoekveld WJ，Beyers JC，Homewood S（2016）The European union approach to flood risk management and improving societal resilience：lessons from the implementation of the floods directive in six European countries. Ecol Soc 21（4）：50.

Suykens C（2015）EU water quantity management in international river basin districts：crystal clear? Eur Energy Environ Law Rev 24（6）：134‐143.

Wiering M，Kaufmann M，Mees H，Schellenberger T，Ganzevoort W，Hegger DLT，Larrue C，Matczak P（2017）Varieties of flood risk governance in Europe：how do countries respond to driving forces and what explains institutional change? Glob Environ Chang 44：15‐26.

第 5 章

以抗洪能力、效率和合法性为依据，评估洪水治理

德赖斯·赫格尔，彼得·德赖森和马洛斯·巴克

5.1 抗洪能力评估[①]

在 STAR-FLOOD 项目中，研究人员将抗洪能力分解为洪水阻抗能力、吸收和恢复能力、适应能力三种能力，并以之作为测定能力水平的标准。六国阻抗能力情况并不相同。荷兰、比利时和法国显然偏重洪水防御，这一策略也算颇有成效，三国的防洪工程普遍达标（考夫曼等，2016；拉鲁等，2016；米斯等，2016）。波兰同样以洪水防御为主导策略，但是 1997 年和 2010 年洪灾显示，波兰的防洪工程无法有效抵御洪水（马特扎克等，2016）。瑞典和英国则采用综合性较强的治理策略，它们权衡比较各类洪水风险管理措施，择优选用（亚历山大等，2016；埃克等，2016a，b）。荷兰、法国、英国和比利时都通过上游持水和城市排水等手段，落实蓄水措施，其中英国和比利时态度更加积极。比利时采取有效措施，抵消硬化表面增加带来的风险，波兰的城市开发同样造成硬化表面增加，但是却没有采取相应措施抵消风险。在荷兰和法国，洪水防御策略都占据主导地位，而且同样有效，但是两国也存在防洪工程养护不力的现象，在某些地方，这一问题甚至非常严重。其他国家的防洪工程也或多或少面临类似的风险，其中包括英国。瑞典和其他国家的相似之处在于，它的防御策略比较灵活，如在某些城市进行防洪基础建设，而在其他情况下，则往往采用临时性，小规模的防御措施。但是和其他国家相比，瑞典的情况不太一样：那里的洪水风险较小，所以受实体条件影响，那里的洪水防御工程一般规模较小，影响范围也有限。

六国的洪水吸收和恢复能力也不尽相同。荷兰和波兰主要依赖洪水防御策略，所以集

[①] 此文本以赫格尔等 2016 年发表的作品为依据。

中力量阻抗洪水。在荷兰，尽管防御策略也占据主导地位，但同时采取缓解（同样提高阻抗能力）和准备措施作为辅助策略。如三角洲计划是一个全国性的洪水治理和淡水供给计划，以多层级安全思路为指导，高调倡导洪水风险策略多样化。三角洲计划实施之后，主管部门开始关注洪水缓解和准备措施，但是关注程度依然有限。英国有先进的洪水警报和危机管理系统。波兰在洪水准备方面进步显著，而荷兰、比利时和法国的洪水准备策略则有待加强。

洪灾过后，必须投入资源，发挥恢复能力，其中包括财政资源、物质资源和制度能力。洪水恢复的主干系统是公共灾害基金和保险制度，还有的则是混合机制。这些系统所有国家都有，但是各国的系统管理方式不一样（如通过公共或私营机制管理）。从和洪水风险相关的可用资源看，法国的制度更完善，而波兰的情况堪忧，比利时将火灾政策扩展至洪灾恢复策略，其事后补偿程序也日渐完善。

六国的洪水适应能力也不一样。最近十年来总的变化趋势是六国的洪水适应能力逐步增强，各国采取不同的策略，培养社会的洪水适应能力，这些策略各有优缺点。和其他国家相比，英国显然具有最强的适应能力，英国国民的洪水意识较强，而且已经形成了在洪水中吸取经验教训的文化。所以，英国的洪水适应能力堪称强大。但是，那里的洪水风险并未因此降低，洪灾造成的损失也并未减少，公民依旧缺乏安全感——他们只是习惯了洪灾，习惯应对损失。其他国家情况更复杂，优点和缺点更加难以分辨，他们的适应能力只能算中等。据调查，比利时、法国、瑞典，尤其荷兰公民的洪水意识较弱——毕竟洪水意识是适应能力的重要体现。但是由于1997年和2010年灾情严重，波兰公民的洪水意识显著增强。荷兰、法国和比利时有完备的学习系统。研究发现，洪水适应能力还体现在如下方面：其一，瑞典和荷兰都有完备的风险分析系统，荷兰重点分析防洪工程的养护状况，瑞典则侧重多种风险分析，其中包括洪灾；其二，公务员能够灵活应对法律制度和政治大气候的变化，比利时和波兰在这方面的表现可圈可点。

研究人员发现，由于每个国家的三种能力并不均衡，都存在短板，所以没有一个国家能夺得"抗洪能力全能冠军"这一称号。比如，荷兰的洪水阻抗能力强，比利时和法国的吸收和恢复能力强，而英国的适应能力则独占鳌头。波兰和瑞典成绩较差，波兰的三种能力全部位于中上到下等，瑞典则全部位于中到上等。自从波兰建立危机管理系统之后，它的适应能力显著增强。总体而言，如果能贯彻更加多样化的组合策略，吸收和适应能力会增强，但显然必须满足如下条件：能够有效地贯彻各种策略，而且确保策略之间的协同一致性。

上述调查结果为今后的洪水治理政策带来如下启示：不同国家都必须对洪水风险及其可能的应对措施进行细致而广泛的分析。分析过程中，必须考虑每一种策略。最终，国家必须具备洪水阻抗、吸收和恢复能力。但是，首先必须有效实施所有的单项策略，完备的策略组合才能增强社会的抗洪能力。多样化不应导致所有策略投资不足。应尽量避免锁定效应，确保将来可以采用不同的策略，如目前不要建设持水区，应该为未来的发展留下空间。

5.2　效率评估[1]

在 STAR-FLOOD 项目内进行的分析中，我们重点考察如下几个问题：是否存在经验证据，证明在每个国家中，效率都是洪水风险管理中的重要事宜；在洪水治理部署中，是否普遍存在对资源效率的担忧；在决策过程中，执行方是否会考虑效率目标。人们通常认为，定期分析社会成本和效益会提高资源效率。

STAR-FLOOD 项目各国使用成本效益分析的频率不同：在英国，定期进行成本效益分析已经成为业内常态；所有国家中，成本效益分析的普及程度越来越高（如荷兰、瑞典和比利时佛兰德斯地区）；但是在法国，成本效益分析方法的使用频率显然较低；在波兰，尽管特定项目也会采用标准的成本效益分析程序，但是用于洪水治理的基金十分零散，行政管理和企业集团的既得利益在资源分配中具有重要地位。因此，在波兰进行资源效率分析有一定难度。

在受调查的国家中，在决定投资建设防洪工程之间，执行方往往会估算该项目的预期效益和成本。这样的估算有一定难度，例如，如何根据洪水风险的降低程度，估算项目预期效益的货币价值。永久性防洪工程是高成本投资项目，使用年限长，它的预期效益却有很大的不确定性。必须以具有前瞻性的长期规划为依据，并且在投资决策过程中考虑气候变化的可能影响，否则很难保证资源的利用效率。

尽管成本效益分析可能会提高策略的透明度，而且还能积累知识，帮助人们了解各类洪水风险管理策略的相关成本效益，但是某些当地主管部门却担心，这种分析方法未必可靠。以比利时佛兰德斯地区为例，当地的治水主管部门称，成本效益分析是一种技术性决策方法，他们无法理解这种分析的意义。在波兰，执行方的重点任务是通过落实防洪工程项目投资争取追加基金，所以他们追求以短期目标为导向的预算最大化，而不是把资源花在刀刃上。此外，由于缺乏足够的连贯数据，执行方也很难对治水策略的资源效率开展独立的综合评估。如果过分依赖成本效益分析，可能会降低策略的合法性。但是，如果在实施治水策略的过程中，以低效方式使用财政、实物和/或人力资源，或是无法追踪资金使用方式，这也会对策略的合法性造成不利影响。

我们还发现几起这样的事例：由于决策和/或法律不够灵活，有些可能实现效益的措施或法规无法实施。这些也是可能限制资源效率的因素。如在某些国家（英国、瑞典和荷兰），一些适用于小型物业的措施（如止回阀）目前没有得到充分利用，业主缺乏足够的（或完全没有）动力投资这些措施（如一旦发生洪灾，由所有保险或被保护各方均摊费用）。

5.3　合法性评估[2]

说起以合法性为视角评估现行洪水治理部署（某种程度上说，还包括过去的洪水治理

---

[1]　此文本大多以埃克等 2016a 年发表的作品的第 2.2 节为依据。

[2]　此文本大多以埃克等 2016a 年发表的作品的第 2.3 节为依据。

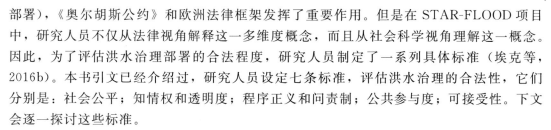

部署），《奥尔胡斯公约》和欧洲法律框架发挥了重要作用。但是在 STAR-FLOOD 项目中，研究人员不仅从法律视角解释这一多维度概念，而且从社会科学视角理解这一概念。因此，为了评估洪水治理部署的合法程度，研究人员制定了一系列具体标准（埃克等，2016b）。本书引文已经介绍过，研究人员设定七条标准，评估洪水治理的合法性，它们分别是：社会公平；知情权和透明度；程序正义和问责制；公共参与度；可接受性。下文会逐一探讨这些标准。

（1）社会公平。在受调查国家中，有些制度包含（可能）有损社会公平，引发冲突的因素，如在法国被广泛采用的团结原则，英国以市场为基础的保险制度。和团结原则相关的冲突显而易见，即在事后补偿领域，那些不受洪水风险影响的公民也得提供资金，补偿他人的损失。同样，研究人员考察防洪措施的受益人，也发现了影响社会公平的因素。如在荷兰，有些公民有权受到不同程度的洪水保护，其权益优于他人，但同时，这种权利又鼓励人们进一步进行城市开发。在一国中经济地位最重要的地区应该接受最高程度的洪水保护，毕竟这符合所有公民的利益。

（2）知情权和透明度。在受调查国家中，知情权和透明度显然都不成问题。所有国家都在各国自己的法律系统内贯彻《奥尔胡斯公约》，并提供法律和政策文件，供更多公众查阅。如在瑞典所有正式的官方文件从原则上来说，都是公共文件。每个人都可以要求查阅这些文件，无需提供和身份相关的信息，或告知查阅目的。总体而言，自从实施如《奥尔胡斯公约》之类的法规之后，公众的洪水风险知情权得到更多保障，如在英国，公众的洪水风险意识增强，洪水治理相关的政策决定也更加透明。独立审查和对重大洪灾的响应也提高治水策略的透明度，比如，综合水政策协调委员会对 2010 年 11 月佛兰芒地区洪灾作出评估，洪水治理策略的透明度得以提高。

（3）程序正义和问责制。尽管各国实施了欧盟指令，但是利益相关方的司法权受到限制，换言之，公民难以依法行使他们参与或质疑决策的权利。如果主管部门没有按照要求，制定洪水风险管理计划，此时公民能够行使相关权利，对此提出质疑；但是，如果公民认为，洪水风险管理的适当性不符合要求，他们却无法行使相关权利，提出质疑。（参阅 ECJ C-237/07 案例，埃克等，2016a）。如果因《洪水指令》的实施，产生了实质性问题，公民并无其他与之相关的追索权（埃克等，2016b）。每个国家都依赖国家规则维护公民的司法权。在比利时、荷兰和瑞典，去行政法院提出诉讼，并不需要支付很高的费用，也不需要等待太长时间，就能得到最高级行政法院的裁决结果。但是，如果诉讼程序拖延太久，诉讼成本增加，司法积压严重，这些显然是影响程序正义的限制性因素。在波兰，民间社会缺乏资源，公民很难走进法庭，而行政管理部门和投资者又占据主导地位，对比明显。此外，司法积压和公众对波兰国家机构普遍缺乏信任的心态加剧了上述情况对程序正义的不利影响。英国还探讨（实际上存在的）和司法权相关的社会不公现象，讨论会提出的问题包括，诉讼涉及的财务费用，司法援助的限制条件等。

（4）公共参与度。《奥尔胡斯公约》规定，各方有义务创造条件，从决策早期就吸引公众参与，包括提供所有备选方案、确保公众有效参与等。因此，公众参与程序必须包括各个阶段的合理时间框架，预留充足的时间通知公众，并让公众做好准备，能有效参与环境决策。此外，各方必须保证，在决策时适当考虑公众参与讨论的结果。《洪水指令》中，也有和公众参与相关的规定。但是，指令要求含糊，也没有具体的指导原则，如没有明确具备什么样的因素才称得上是有效参与、积极的公民参与的目标等。所以，成员国在落实这些要求的时候，实际做法也各不相同。

（5）可接受性。合法性还具有这样的含义：利益相关方愿意接受决策过程中相关的决定和程序。所以，可接受性是任何洪水治理部署的合法性的一个重要方面。但是，由于可接受性和利益相关方的感知密切相关，所以很难用精确的方式加以量化。但是，依然存在一些客观标志，可以用来确定和可接受性相关的限制性因素，以及如何改进这些因素。在所有的 STAR-FLOOD 国家中，可接受性都有待改进，而主要改进方法就是加强公众的洪水风险意识，增加他们的洪水风险知识（图 5.1）。

图 5.1　德国汉堡防洪建筑（来源：拉格弗）

参 考 文 献

Alexander M，Priest S，Micou AP，Tapsell S，Green C，Parker D，Homewood S（2016）Analysing and evaluating flood risk governance in England – enhancing societal resilience through com – prehensive and aligned flood risk governance. STAR – FLOOD Consortium，Utrecht.

Ek K，Goytia S，Pettersson M，Spegel E（2016a）Analysing and evaluating flood risk governance in Sweden – adaptation to climate change? STAR – FLOOD Consortium，Utrecht.

Ek K，Pettersson M，Alexander M，Beyers JC，Pardoe J，Priest S，Suykens C，Van Rijswick HFMW（2016b）Best practices and design principles for resilient，efficient and legitimate flood risk governance – lessons from cross – country comparisons. STAR – FLOOD Consortium，Utrecht.

Hegger DLT，Driessen PPJ，Wiering M，Van Rijswick HFMW，Kundzewicz ZW，Matczak P，Crabbé A，Raadgever GT，Bakker MHN，Priest SJ，Larrue C，Ek K（2016）Toward more flood resilience：

is a diversification of flood risk management strategies the way forward? Ecol Soc 21 (4): 52.

Kaufmann M, Van Doorn – Hoekveld WJ, Gilissen HK, Van Rijswick HFMW (2016) Analysing and evaluating flood risk governance in the Netherlands. Drowning in safety? STAR – FLOOD Consortium, Utrecht.

Larrue C, Bruzzone S, Lévy L, Gralepois M, Schellenberger T, Trémorin JB, Fournier M, Manson C, Thuilier T (2016) Analysing and evaluating flood risk governance in France: from state policy to local strategies. STAR – FLOOD Consortium, Utrecht.

Matczak P, Lewandowski J, Choryński A, Szwed M, Kundzewicz ZW (2016) Flood risk governance in Poland: looking for strategic planning in a country in transition. STAR – FLOOD Consortium, Utrecht.

Mees H, Suykens C, Beyers JC, Crabbé A, Delvaux B, Deketelaere K (2016) Analysing and evaluating flood risk governance in Belgium. Dealing with flood risks in an urbanised and institutionally complex country. STAR – FLOOD Consortium, Utrecht.

第 6 章

风险治理研究和实践的意义

德赖斯·赫格尔，彼得·德赖森和马洛斯·巴克

6.1 风险治理研究的意义

6.1.1 STAR-FLOOD 项目研究思路回顾

6.1.1.1 项目研究思路的主要特征

如引文所述，STAR-FLOOD 项目研究思路具有如下特征：

（1）项目结合社会科学和法律研究视角，实现多学科之间的对话和协作。

（2）项目包含国家研究和案例研究，然后进行比较，确保所有研究人员使用类似的框架进行分析，解释和评估。

（3）研究过程中，与欧洲、国家、地区和地方等各级利益相关方保持密切的合作。整个项目过程中，邀请利益相关方参与研讨会（如在每个国家召开案例研讨会，设立两个专家小组；组织四次国际研讨会，而且在业内大型会议上增设各专题讨论会），组织访谈三百多次。项目期间，研讨会的目的和范围也逐渐改变，初期旨在搜集信息，明确利益相关方的知识需求，后期则重在传播并证明调研结果。

为了实现各学科之间的对话，尽量加强调查数据的可比性，尽量加强政策研究和实践调研之间的联系，项目选取高频密切合作方式。项目研究人员经常与国内以及各合作国家的其他研究人员交流思想；项目协调员常常为项目所有成员草拟的初稿提供反馈意见（还数次亲自出访合作国家）；敲定共同的概念和方法论起点——选用政策部署理论作为总框架，融合来自多学科研究人员的意见和建议；多次举办各种形式的会议，其中既有联合体大会，也有学术大师课。此外，项目还多次邀请利益相关方参与研讨会，详情参见乔里斯基等（2016）、埃克等（2016b）、赫格尔等（2014，2016）撰写的报告。总体而言，项目研究思路新颖，成果丰富，但是耗时过久。

6.1.1.2 项目研究思路和方法的优缺点

在最后一次联合体会议（2016 年 3 月）上，合作方对 STAR-FLOOD 项目思路和方

法进行了评估。根据评估结果，总结出如下优缺点：

1. 优点

各合作方和项目协调员一致认为，总体而言，STAR-FLOOD 项目是一个协调一致，成果丰硕的项目。多数合作方强调，项目具有如下显著优点：

（1）高强度互动。参与项目的研究人员实现了高强度互动，其中包括在各城市召开的研讨会等会议。研究人员表示，这些高强度的互动增进了相互理解——研究人员来自不同的学科领域，其研究思路和视角各不相同，不同国家的洪水风险管理系统的具体情况也千差万别，如果缺乏互动，他们很难理解对方。项目创造出这样的气氛：既不忽视上述差别，又会在提出疑问的同时，考虑不同专业的思路和视角，尊重其他国家的政策思路和管理模式。

（2）创造学习和培训机会。项目开展了各种形式的合作，其中学术大师课更是赢得高度赞誉。这种合作创造出培训机会，增强了初级研究人员的相关科研技巧，其中包括：政策和法律分析的理论思路和方法；从公共行政管理和法律学角度评估治理状况；开展比较研究；进行话语分析；组织研讨会，撰写并发表论文。

（3）协调互补。合作方认为各学科专家参与项目，某些合作方又带来特定行业的专业知识，经过合理协调，各方实现了优势互补，丰富了项目成果。

（4）气氛良好。合作方认为项目各方创造出有益的合作气氛。

（5）严格的时间节点。根据项目计划，合作方必须在特定的时间提交阶段性成果，各方可以就这些成果频繁交流并提供反馈意见。这种安排得到合作方的认可。

2. 措施

合作方指出，STAR-FLOOD 项目改进措施：

（1）在项目初期，关键定义应该更清楚明确，研究人员应经常探讨重要概念的关键定义。协调员根据所有相关方提供的信息草拟术语表，概括介绍某些重要概念的多重释义。2014 年 4 月，即项目进行到一半的时候，该术语表定稿，明确了每个概念在 STAR-FLOOD 项目中的定义。合作方认为确实应该拟定术语表，但同时提出建议以后开展新项目时，应该在项目初期就厘清关键定义，尽量避免概念不清引起的争议。

（2）应更早开始比较研究，总结经验教训，提出建议（可反复多次进行）。在开始阶段，项目议程就提出，应比较各国治水情况，并拟出比较基准。但是这项议程很迟才得以落实。合作方建议，可以从一开始就进行实质性比较。跟各国治水策略专题分析（STAR-FLOOD 项目第三工作包）相比，应更重视国家间比较（第四工作包）和规划原则的确定（第五工作包）。

（3）同时讨论项目采用的概念性理论和项目包含的实质性问题。在第 1.5 节中第二工作包和第三工作包初期，研究人员一直在探讨概念性理论以及实证研究的精确范围。在就上述问题得出结论之后，才转而探讨项目中更具实质性的政策和法律问题。合作方建议以后应该同时讨论并解决这两类问题，可能会起到相得益彰的效果。

（4）应尽早就学科报告和出版物格式不统一的问题达成一致意见。应确保国家报告（第 1.5 节中第三工作包）内容相对简洁，方便读者查阅关键结果。但同时，法律研究部分又不能太简洁，必须提供详细信息。STAR-FLOOD 项目的部分法律信息未写入第三工作包报告，而是出现在背景文件之中，这些文件并未公开发表。尽管在以实证研究为依据的期刊文章中，能够查到这部分信息，但是合作方建议，以后可以以附录的形式，将法律背景信息纳入工作报告，或是把法律背景信息放在网上，以供查阅。

（5）组织更多活动，促进多学科之间的沟通和协作。合作方建议为了促进政策分析人员和法律学者之间的沟通协作，可以组织更多活动，如案例讨论会、实地考察，与从业人员辩论等。

（6）项目早期，应放松对项目阶段性成果的内容和时限等相关要求。按照项目规定，必须在截止日期之前，提交阶段性成果。合作方认为，尽管这一规定具有积极意义，但是在项目初期，对提交稿件内容的要求应该更宽松（如只要求提交模板，不要求长篇大论），这样就可以避免浪费时间，毕竟这一阶段的成果后来还需要作出实质性修改。

（7）在项目早期就邀请终端用户参与。尽管 STAR-FLOOD 项目实施过程中，也频繁邀请终端用户加入研讨会，但是以后，如果能够从一开始就邀请终端用户作为合伙人加盟，参与项目全过程，这样的研究会更有意义，项目成果的传播也更迅速有效。

6.1.1.3 对未来欧洲项目提出总体建议

根据从 STAR-FLOOD 项目获得的经验，我们得出如下结论：跨学科比较研究如果能够发挥学科互补优势，可以给人启发，促进创新，但是这种研究要求各合作方深度合作，高度协调，这也是 STAR-FLOOD 项目追求的目标。各方必须开展深度交流，确保所有的研究人员起点一致，无论是概念还是方法都必须统一，才能实现如下目标：社会科学和法律研究相互融合，优势互补；国家专题报告质量优异，可比性强；使用同样的框架进行比较，并确定规划原则。回顾 STAR-FLOOD 项目，我们不禁感慨：要实现如此宏大的目标，确保项目的累积性、连贯性和可比性，实在太难，需要做大量的协调工作；但是正所谓"无限风光在险峰"，在这样的项目中，研究人员能够采用综合性视角，通过比较研究，取得精密的成果，所有的 STAR-FLOOD 项目可提交报告都是这种成果的体现。总而言之，根据项目经验，我们提议，未来的大型综合性欧洲项目（如地平线内 2020）的开题报告中，应包含如下主要内容，以提高成功率。

（1）在设计工作包结构时，应从两种互不相容的方法中选取一个：可以根据研究的实际步骤（如评估框架、实证研究、比较、规划）组织工作包；也可以根据具体学科或以问题为导向的活动组织工作包。尽管采用第一种方法——也就是 STAR-FLOOD 项目采用的方法——更能出成果，但是项目申请方应该清楚，如果选择了这种方法，就必须做大量有效的协调工作，而且项目进程可能会非常艰难。

（2）明确具体的行动，以确保国家之间，学科之间能实现深度知识交流，并明确初级研究人员的培训活动。

（3）明确时间节点，即在特定时间就一些重要问题（定义关键概念，项目采用的概念性理论的主要特征，实证研究的范围，特定可提交报告的目录）作出决定，并且解释时间安排的理由。

（4）从一开始就邀请终端用户作为合作方参与项目。

（5）设计出合理方法，通过反复性程序确保国家和案例分析以及比较能够随着项目进程不断完善，互为参照。

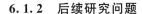

6.1.2 后续研究问题

我们发现，可以从以下三个方面入手，进行后续研究：其一，STAR-FLOOD 项目研究结果在实际环境中的验证、运用以及深化；其二，继续研究洪水治理中某些重要的特定问题（STAR-FLOOD 项目发现了这些问题的重要性）以及 STAR-FLOOD 项目国家之外其他国家和地区的洪水治理状况；其三，可以在其他实证领域应用 STAR-FLOOD 项目的研究思路和方法。下文将逐一解释这三类后续研究。

1. 项目研究结果的验证、运用以及深化

STAR-FLOOD 项目根据实证研究的结果拟定规划原则。STAR-FLOOD 确立的规划框架可以为更多以规划为导向的研究提供参考——这类研究向洪水治理领域内的执行方提供翔实的治理方案，并与执行方探讨，优化这些方案，力图改进洪水风险管理策略。具体而言，应继续研究测试地区和当地级别的公—私部署。此外，事实证明，不同国家，甚至同一国家的不同地区之间的研究人员以及实际贯彻洪水风险管理策略的执行方应开展交流，借鉴先进的操作方法，这种交流借鉴特别有启发性。因此，我们提出如下建议（赫格尔等，2016）：

（1）继续开展新知合作项目，即研究人员和其他社会执行方围绕具体的地方和地区洪水风险管理问题开展合作研究。实施此类项目时，应特别注意长期远景，充分发挥创造力，因为这能够促进和洪水风险相关的交流和沟通，并且鼓励执行方关注长期远景。

（2）进一步完善 STAR-FLOOD 项目总结的规划原则，形成一种更直接的假设检验思路。

（3）可以参与地区间项目，以地区为特定研究范围，开展以规划为导向的研究。

（4）可以开展特定的后续研究，旨在创立国家级和欧盟级机制，以改善特定国家的洪水治理状况。

（5）开展跨境洪水风险管理后续研究，以及与此相关的《洪水指令》改进措施研究，以促进跨境合作，其中包括开发共享概念，法律机制的评估和逐步完善。

（6）开展后续研究，调查《洪水指令》采用的程序化治理方式的有效性和合法性。

（7）开展后续研究，调查《洪水指令》中参与度要求（目前看来太宽泛）的有效性和详细程度。

2. 继续研究洪水治理中某些重要的特定问题（STAR-FLOOD 项目发现了这些问题的重要性）以及 STAR-FLOOD 项目国家之外其他国家和地区的治水策略

可以将 STAR-FLOOD 项目中的实证研究推广到其他国家、地区和流域，开展累积性研究，通过对比获得更多启示，并总结先进操作方法。这种研究将重点考察各种形式的多级治理的状况和绩效，以及和跨境洪水治理的相关问题。在后续研究中，应进一步考察如下具体问题：

（1）不同社会团体的（与多种灾害相关的）社会易损性。

（2）应更细致地研究和洪水缓解/抗洪建筑策略相关的特殊治理难题，以及空间规划的相关作用。

（3）应更细致地研究公共主管部门预算削减问题以及该问题对洪水风险管理策略产生

的影响。

（4）各种类型的桥接机制可能有助于加强洪水风险管理策略之间的联系并避免责任分配模糊不清，应继续研究这些桥接机制的权力和有效性。

（5）洪灾爆发时关键基础设施起到的作用，负责运营这些关键基础设施的私营执行方如何行动。

3. 在其他实证领域运用 STAR-FLOOD 项目的研究思路和方法

可以在其他实证领域运用 STAR-FLOOD 项目的研究思路和方法（即开展以社会学/法律为视角的比较研究，考察治理问题）。如可以采用类似的研究思路和方法，考察如下课题：

（1）干旱研究。

（2）城市和地区的气候适应。

（3）以自然为基础的多种灾害应对方式。

（4）城市和地区的可持续发展综合策略（包括绿色地区、绿色转型）。

（5）多灾害综合策略以及灾害风险管理研究。

（6）造成污染的洪灾研究（图 6.1）。

图 6.1　比利时布鲁塞尔市，2016 年 2 月 4—5 日，STAR-FLOOD
项目结项会议（来源：布赖斯特）

6.2　洪水治理实践的意义

6.2.1　引文

STAR-FLOOD 项目中，研究人员对各种现行的洪水治理策略进行评估，评估该策略在多大程度提高了社会抗洪能力、资源效率和合法性，并根据评估结果，总结确保策略成功的条件（埃克，2016a，b），再根据这些条件制定规划原则。其中关键的术语包括成功的洪水治理、成功条件和规划原则（埃克等，2016a，b），定义如下：

> （1）成功的洪水治理，在研究人员看来，就是在抗洪能力、资源效率和合法性三个方面实现预期目标的治理。
>
> （2）成功条件指的是相关制度、程序、规则——类型和资源，只有具备这些条件，才能够实现上述洪水治理目标。可以根据这些条件提出具体的建议。
>
> （3）规划原则可以理解为子目标，这些子目标最终构成整体目标——遵循这些原则，有助于实现整体目标。

研究人员将规划原则分为两大类：一类是与改进洪水治理程序相关的普遍原则；另一类则是和单项预期目标（即社会抗洪能力、资源效率和合法性中的一项）相关的具体原则和先进操作方法。显然，相比之下，前者的内容更加广泛，因为前者"追本"——应该为谁设定什么样的预期目标，后者仅仅"逐末"——应该怎样实现这些具体目标。这些和程序相关的原则还可能同时有助于执行方实现多项预期目标。而第6.2.3节中介绍的具体原则，则侧重解决"如何做"的问题。

6.2.2 改进洪水治理程序的规划原则

本节逐次探讨八项改进洪水治理程序的规划原则，包括原则概述，在贯彻该原则时可能遭遇的困难，以及解决这些困难的方法（具体建议）等内容。

1. 原则一

社会执行方，其中包括公共主管部门、企业、社团和非政府组织等，应清楚了解：面临的洪水风险、受保护程度、洪水风险管理责任的分配状况等。

社会执行方普遍支持这一原则。公共主管部门也必须服从这一原则，才能遵守《奥尔胡斯公约》中和环境事宜相关的规定（知情权，公共参与决策、获得司法正义权），发挥行政作用。但是这个原则贯彻起来却不容易。如何和公众交流，确保他们了解自己面临的风险，这一直都是公共主管部门的难题；首先，在许多国家，私营方以及公民显然缺乏风险意识；再者，政客总是忍不住拿洪灾做文章，鼓吹"防御范式"，但有时候会与国家政策相悖，而且也违反学术圈内的共识，即基于风险的洪水治理方式才是正确的发展方向。为了解决这些难题，我们提出如下建议：

（1）不同级别政府决策者和领导都应该有备无患，积极、努力地向公众传达和洪水风险水平相关的信息，社会执行方面临什么样的风险、洪水概率多大、潜在的后果有多严重等。他们还必须解释清楚，根据法律以及习俗，社会执行方有权从公共主管部门那里获得多大程度的支持。这样一来，就能开展公开讨论：什么是可接受的风险水平；谁应该负责应对风险。通过公开讨论，确保企业、社团和公民做好心理准备。

（2）应就公共和私营执行方的责任移交展开公开、广泛的讨论（包括政治和社会讨论）。讨论结果会让政府/公民的责任更加明晰，讨论结果应形成公开文件，供公众查询、监督。

（3）洪灾发生之后，很容易被赋予"政治"意义，此时公众往往开始怀疑洪水风险管理政策。主管部门不能等到洪灾发生的时候才开始风险沟通。另外，尽管存在很大的困难，但是提高公民的"水意识"应该是政府长期、持续的任务。

（4）社会预期的管理是关键。来自欧盟、国家以至于地方的风险沟通信息应该保持一致。

2. 原则二

洪水相关政策应坚持前瞻性规划思路，而且考虑未来变化，其中包括气候变化。

气候变化预测应成为洪水风险管理政策中不可分割的一部分（反之亦然），为前瞻性规划提供支持，如在国家政策策略，规划文件以至于防御方案设计中，都应考虑未来气候变化（如提倡适应性管理）。应坚持长期战略思路（50～100 年），进行治水决策，确保适应能力和灵活性（由于未来充满不确定性），以应对未来的风险和不确定性。

3. 原则三

应开发知识基础设施，完善联合知识产出程序，并且促进学习文化。

在多个 STAR-FLOOD 项目国家中，制度性的学习文化显然已经根深蒂固，但是，国内外的知识交流机会却不多，学术圈和从业人员之间的交流更加有限。会议、研讨会和研究联合体都提供了知识传播平台，但是很少邀请从业人员参加。项目成果为传播研究结果提供了重要手段，而且可供查阅，但是却无法产生活跃的思想交流，也无法形成对话。因此，为了促进共同学习，我们建议建立国内和国际洪水治理知识交流平台。

4. 原则四

私营执行方，包括企业，社团和公民应承担部分责任，实现风险自救。

无论出于实质性还是规范性原因，私营方都必须参与洪水治理。在洪水恢复过程中，公私合作更是起到协同增效的作用，比利时就是很好的例子：在那里，私营保险占主导地位，同时配有公共机制，做好兜底保障。因此，公私合作具有重要意义，但是它也面临一系列障碍，如公众缺乏风险意识，缺乏参与洪水风险管理的积极性，以及一些和责任分配相关的具体权利和风俗等，这些都对合作意愿和效果产生不利影响。尽管欧洲委员会对公私合作体现出极大的兴趣，但是研究过程中，我们却没有发现很多实例，所以很难进一步考察如下事宜：如何设计国有公司和国家—社会合伙公司；如何发挥它们的作用，提高它们的能力。在某些情况下，合伙公司还会产生不利影响（利益相关方甚至更多）。为了解决这些难题，我们建议：

将公私合作理解为："多执行方共同出品"，其中包括：共同规划，即公民参与决策，共同制定洪水风险管理措施，如制定河流流域管理计划和应急计划；共同落实，即公民积极参与，共同实施洪水风险管理措施，如在住宅范围内采取洪水保护措施；以及综合性共同合作，即公民参与洪水风险管理措施的决策和实施全过程，如和居民合作制定洪水风险管理计划，并按照计划规定，由公民和主管部门负责实施特定措施（米斯等，2016）。设立共同出品项目，不仅能增强社会抗洪能力，而且能提高效率，更公平地分配各方责任。

5. 原则五

应灵活划定洪水风险管理策略的适用范围并在合适的级别开展洪水治理。

必须坚持多层级治水思路，并努力以物业和社区为单位，实施洪灾缓解策略，如以物业为单位，落实相关措施，提高洪水阻抗能力；或是通过开展准备活动，提高响应和恢复能力。为了实现这一目标，往往要遵循权力下放原则。这就意味着，应在合适的级别开展洪水治理活动，尽量由基层自主落实洪水风险管理措施，由高层承担必要的协调任务。但是在权力下放原则的实施过程中，也会有重重困难。一方面，在有些情况下，欧洲国家内部的洪水治理依然有很强的自上而下的传统，这和强调因地制宜的洪水治理新思路相悖；另一方面，人们很容易混淆权力下放和"去中心化"之间的区别。实际上，这两个概念既有相同部分，又有相异部分："相同"是指将权力下放到级别更低的政府的同时下放必要的资源；"相异"在于"权力下放原则"更强调分权行为的合适性。为了实现自下而上和自上而下导向之间的适当平衡，因此建议：

（1）国家政府和欧盟应负责支持（提供资金和专业知识）并审批地区级别的洪水风险政策规划（最好按水文边界划分范围）——这就是高级政府的重要作用。应该鼓励，促成地方主管部门因地制宜，制定具有地方特色的洪水风险管理方案，因为它们往往是解决多执行方、多部门和多级别洪水治理问题的最优方案。

（2）欧盟应该在流域范围内为利益相关方平台提供补贴，以支持地方发展。这些平台吸纳子流域内所有利益相关方参与，而且根据他们的目标草拟洪水风险管理计划，而欧盟/国家政府则提供财政支持（本森等，2012）。

6. 原则六

应在空间规划中考虑洪水风险，应根据社会可接受风险水平确定优先级别。

相关部门应该在空间规划中考虑洪水风险，但是出于各种原因，这一措施很难落实。地方领导对洪水风险的重视程度各不相同。有的将洪水治理视为重要任务，如有些锐意进取的政策制定者就鼓励人们在城市开发的过程中，充分考虑水文因素（如多德雷赫特市）；但是反面例子也不少，在法国，有个海滨小镇的市长，因为处理洪水风险时非常不负责任，被判入狱四年。STAR-FLOOD项目还发现，洪水恢复策略和预防和缓解策略之间有错综复杂的关系。有些情况下，强健的恢复机制可能会产生不利影响，因为人们可能会因此缺乏动力，不愿意采用预防和防御措施。所以，恢复制度应该注重单个物业范围内的预防和缓解措施。研究人员发现，法国的CAT-NAT制度就挫伤了人们采用预防措施的积极性。比利时则通过保险法律框架促进风险预防，减少高风险地区内的建筑物。但是，过去的决策对今天依然有影响，并且这种影响不容忽视——在洪水多发区，大面积的开发已经既成事实。为了进一步协调洪水风险管理和空间规划之间的关系，我们建议：

（1）采用洪水分区，指导规划决策。

（2）尽量避免在洪水风险严重的地区从事新的开发活动。

（3）如果在洪水风险严重的地区的开发不可避免，就应该制定并落实相关规则。应明确赔偿责任（可能由在开发项目中获益的开发商负责补偿洪灾损失），还应确保，开发项目具有适应性（活动地板高度，采用可持续城市排水系统等），尽量减低潜在洪灾风险可能造成的损失。

（4）需要"改造适应"策略。

（5）如果不允许某地区进一步开发，可能会无意间造成不良后果，比如引起经济或社会衰退。决策者必须意识到可能产生的后果，应该开发出创新方法，以合理的方式分摊负担。

7. 原则七

所有相关方应该清楚地了解和洪水相关的正式规则和法规，确保有法可依，有法必依。

有些规则含混不清，法律框架应更清晰：什么时候，什么情况下，这些规则适用。为了提高综合策略的多层级安全性，尤其需要清晰的规则。现有规则（如空间规划领域内的洪水预防规则）的贯彻执行也很重要。在某些国家，法律改革本身就是个难题。以波兰为例，自1989年政权过渡之后，这个国家经历了广泛的行政管理和法律改革。为了增强规则和法规的有效性，我们建议：

（1）通过法律手段，改进强制执行机制。要实现这一目标，还必须满足其他要求：执行法律的政治意愿，主管部门权力增强，为洪泛区内的建筑提供详细指南等。法律框架不仅应重视法律法规的范围，还应重视如下问题：应该以什么样的方式执行法规，后续如何跟进，如果不遵守法规，会面临什么样的后果。

（2）应该建立激励机制，促进分别在空间规划和洪水风险管理政策领域作业的执行方加强合作（英国就是榜样），争取产生协同效应。

8. 原则八

应考察以流域为基础的洪水治理方式的实际运用，取得更多相关经验。

在洪水风险管理领域，人们一直都在讨论：目前，水和环境政策鼓励决策者运用跨部门的、以流域为基础的洪水治理方法，实际效果到底怎么样？为了验证这种方式的有效性（能减少洪水风险，并且有可能实现资源效率最大化），我们需要更多证据。理论上，决策者有各种各样的机会，能够实施跨境洪水治理，增强抗洪能力。欧盟发布的规范性文件也开始倡导这种洪水治理方式：《洪水指令》鼓励并要求欧盟各国不仅在地方范围内治理洪水风险，而且在流域范围内实施洪水治理；而且这也是欧盟采取行动的理由之一。我们承认，STAR-FLOOD项目更注重国家范围内洪水治理，并且开展了案例分析，但是没有细致地考察跨境洪水治理状况（如莱茵河、默兹河和斯凯尔特河委员会的工作）。但是我们惊奇地发现，项目调研过程中，并没有碰上多少跨境洪水治理案例，显然，在促进洪水治理跨境合作方面，决策者仍需继续努力。所以，我们建议：各级公共和私营执行方应该发起，进行实地试验，并为之提供便利条件，参与知识交流，进一步推广以流域为基础的洪水治理方式。

6.2.3 优化洪水治理成果的规划原则❶

洪水治理的预期目标有三项，即抗洪能力、效率和合法性，STAR-FLOOD项目已经提出与之相关的各项具体的规划原则。在STAR-FLOOD项目的第五工作包中，详细记载着这些原则（埃克等，2016a，b）。以此工作包中的记录为依据，我们评估，比较各国治水策略的抗洪能力、效率和合法性之后，根据其结果总结出所有国家中支持或限制社会抗洪能力的多种因素。

---

❶ 此文本大多以埃克等2016a年发表的作品的第三章为依据。

抗洪能力被分解为阻抗能力、吸收和恢复能力，适应能力。表 6.1 概述了这三种能力以及与之相关的规划原则。表 6.1 中还列出与每种原则相关的成功条件。右栏则记录了某些先进操作方法实例，调查显示，采用这些先进方法，能够提高满足成功条件的概率。

表 6.1　　　　与增强抗洪能力有关的规划原则、成功条件和实例（来源：埃克等，2016a，b）

增强抗洪能力的洪水治理规划原则	成　功　条　件	先 进 操 作 方 法
应根据当地具体情况（如风险、易损性、制度和经济环境）选择合适的洪水治理措施（比如防御和缓解）	提供足够的资源（权力、知识和财政），并确保现有防洪构筑物的养护和改进	合作基金（英国的例子表明，可以利用多种资源，实施更多防御和缓解措施）
	法律和决策允许/支持适应性	洪水预防行动计划（法国）
	支持合作，尤其是防御和预防之间，防御和缓解策略之间的合作	水评估（比利时和荷兰）
	支持长期前瞻性规划	长期投资策略（英国）就是一项和财政资源有关的长期前瞻性规划
	激励执行方（公民）采取措施，降低风险	三角洲计划（荷兰）
洪水预防应该是空间规划决策中不可分割的一部分，尽量避免在已知洪水风险较高的地区进行开发，确保洪灾高发地区的开发项目具有适应性，确保开发不会增加风险	提供足够的资源（权力、知识和财政）	水评估（比利时和荷兰）
	法律和决策允许/支持适应性	水检测（荷兰）
	法律包含相关机制，保证空间规划措施得以实施（强制执行）	建筑物法规（瑞典）
	支持合作，尤其是防御和预防之间，防御和缓解策略之间的合作	分区制度（法国）
预报和警报制度（准备）应完备、有效，报警时应预留足够的响应时间	提供足够的资源（权力、知识和财政），还应投资预报技术	采用新技术（英国和荷兰）
	明确正式的洪水警报责任	
	多种路径传播洪水警报	
	加强社区风险意识，有备无患	
预先做好合理安排，提高洪水应急准备和响应能力	明确要求评估并监督当地风险，告知应急计划	洪水演习（荷兰）
	建立应急响应升级和降级机制	洪水领导者项目（波兰）
	妥善安排，为跨组织作业提供便利条件。职能和责任明确	堤坝军队（荷兰）
洪灾恢复策略应覆盖所有公民，而且应激励执行方采取洪水预防措施	洪灾损害赔偿制度完善	大变化；团结原则，受益者支付
		风险区别方法（比利时）
		CAT-NAT 和巴尼尔基金（法国）
创造机会，促进社会性和制度性学习	机制完善，能够促进知识交流，分享经验和最佳操作方法	适应性规划和项目循环（荷兰）
	有清楚的研究和开发策略，而且保证投资	独立公开调查（英国）
		学习国际经验（比利时和荷兰）

表 6.2 概述了与提高资源效率相关的规划原则和成功条件，右栏记录了某些具体实例。

表 6.2　　和提高资源效率相关的规划原则、成功条件和实例（来源：埃克等，2016a，b）

提高资源效率的洪水治理规划原则	成　功　条　件	先　进　操　作　方　法
洪水治理应该将洪水风险降低程度保持在可接受水平，同时尽量降低社会成本	决策程序体现出决策者适当考虑了资源效率	先进的成本效益分析操作方法，同时考虑非货币影响（英国）
	激励执行方（公民）采取措施，降低风险	

表 6.3 概述了与改进合法性相关的规划原则和成功条件，右栏记录某些具体案例。

表 6.3　　　与改进合法性相关的规划原则、成功条件和案例（来源：埃克等，2016a，b）

改进洪水治理合法性的规划原则	成　功　条　件	先　进　操　作　方　法
决策过程必须具备公共参与度高、社会公平和亲民体验等特征	决策过程显示，决策者适当考虑了社会公平事宜	"推拉"机制，"推"即警报，"拉"即提前为弱势群体提供保护（英国）
	确保利益相关方参与决策，以实际情况为基础，以目标为导向，为洪水风险管理策略和措施的制定和落实作出贡献	社区参与（英国）
	重视弱势群体以及外来人员，兼顾物业开发商和机构投资者	
	定期评估利益相关方参与过程和结果，培育学习和改进文化（也适用于资源使用）	
	公众能了解如下信息：资源以什么样的方式用于洪水治理，其效果如何	告知责任（比利时）
	考虑多种要素，确定决策程序，其中包括：充分利用利益相关方的意见和建议；制订计划；努力缓解不同利益相关方团体(如专家和非专家)之间的权力不平衡现象；降低协商过程被特别强势高调的团体把持的风险	
机制/部署到位，确保问责制	治水决策接受独立审查和公众监督	独立审查（英国）
	可以追究决策者的责任	
在洪水风险管理措施的规划和实施过程中，公民了解他们的相关权利和责任	告诉公民他们的责任	多层安全（比利时）
	告诉公民他们应该如何切实履行自己的责任	告知责任（比利时）
治水部署透明度高，比如所有利益相关方都能清楚地看到决策过程，结果以及该过程的影响	和洪水风险管理有关的所有政策和法律都形成公开文献，可供查阅	公开原则（瑞典）
	洪水风险管理行为接受公共和/或独立调查，以评估其绩效	
机制/部署到位，确保程序公平公正的实现	利益相关方有机会质疑公共主管部门作出的决策，并寻求司法正义	诉讼成本低（比利时、瑞典、荷兰）
	争议解决程序被认为公正	

6.2.4 和洪水治理部署的适当性和抗洪能力相关的总体建议

一直以来，人们普遍从自然科学视角出发，研究洪水风险管理。相比之下，社会科学和法律研究不受重视，治理研究更是寥寥无几。但事实证明，以治理为视角研究洪水风险管理能够弥补自然科学研究的不足，带来重大启发，有助于改善各国的洪水风险管理方式。社会抗洪能力可以分解为阻抗能力、吸收和恢复能力、适应能力三种能力。增强抗洪能力，意味着全面提高这三种能力。因此，洪水治理部署必须得当，才能实现上述所有洪水治理预期目标。在这种背景下，STAR-FLOOD 项目应运而生，而它的主要研究课题是：当前欧洲城市群易受洪灾影响，应该如何部署洪水治理要素，才能适当应对洪水风险，提高社会抗洪能力？作为这个问题的答案，我们提出如下总体建议：

（1）根据研究结果，各国的洪水风险管理策略多样化发展方向值得肯定，但是必须注意，各国必须根据国家和地方的具体现状，制定多样化策略。各国的多样化发展道路不尽相同。我们发现，荷兰、波兰、法国和比利时希望创建后备层，以备不时之需。英国 65年坚持多样化发展，而瑞典因为担心气候变化，刚刚开始发展多样化。现状不同，发展起点自然不一样，所以决策者必须考虑并理解这些背景条件，才能有效推动治理改革。

（2）各级政府（欧盟、国家、地区/地方和跨境）必须发挥导向作用，但是任务和责任必须分工明确。除此之外，还应考虑公民、非政府组织和企业的任务和作用。应试行更多的公私合作项目，表明它们在洪水治理中的能动作用和有效性。

（3）必须加强不同的洪水风险管理策略之间、各级政府之间、与洪水相关的各政策领域（如空间规划和危机管理）之间的连通性。各策略之间相互协调，优势互补，而不是相互倾轧，才能确保洪水治理综合策略行之有效。所以各类桥接机制必须完备，包括负责协调的执行方、程序责任和手段、正式规则和法规、财政和知识资源和桥接概念等。

（4）本条建议与上一条紧密相关，洪水风险管理策略的多样化必须有适当的配套策略投资。不能因为将财政和其他资源用于一种策略，导致另外一个策略投资不足。要实现多样化发展，还必须投资开发法律框架，如空间规划领域的建筑要求，应急管理框架等。

（5）合法性是公认的治理原则——为实现高效治理，必须确保合法性。为保证合法性，必须提高治理决策的公众参与度，并且增强公民的洪水意识。在政策和法律领域，应该更关注吸引公众参与的办法，而不是仅仅传达政策和法规。

（6）洪水治理部署需要长期（前瞻性）规划，强调适应能力，并实现资源的可持续使用。应该采用长期视角，并辅之以短期措施，有效实施洪水风险管理。还必须防患于未然，而不是仅仅注重灾后响应。

（7）为了增强社会抗洪能力，需要促进洪水治理改革，优化洪水治理部署，《洪水指令》能够在这一过程起到更大的作用。如《洪水指令》下一轮实施期内，应该增加和洪水风险管理计划内容相关的实质性要求，明确执行方的责任。也可以适当将桥接机制纳入《洪水指令》，如规定物业卖主有责任向潜在买主告知洪水风险（佛兰芒地区现行法规）。其次，应调查公民要求强制执行《洪水指令》的能力，根据结果，对《洪水指令》的内容进行批判性再评估，并就公民可以去法院提出的诉讼主张作出明确规定。此外，《洪水指令》应进一步推动跨境洪水治理。

总之，本研究表明不存在放之四海而皆准的完美方案。除实体/地理因素之外，洪水风险管理历史经验、社会和文化规范，行政管理和法律框架都是影响洪水风险管理和治理的重要因素。应如何制定政策和法律框架？什么才是欧洲政策和基金方案的最佳范围？为了解答这些问题，环境、历史和当代洪水风险讨论都具有参考意义。

参 考 文 献

Benson D，Jordan A，Huitema D（2012）Involving the public in catchment management：an analysis of the scope for learning lessons from abroad. Environ Policy Gov 22（1）：42 – 54.

Choryński A，Raadgever GT，Jadot J（2016）Experiences with flood risk governance in Europe：a report of international workshops in four European regions. STAR – FLOOD Consortium，Utrecht.

Ek K，Pettersson M，Alexander M，Beyers JC，Pardoe J，Priest S，Suykens C，Van Rijswick HFMW（2016a）Best practices and design principles for resilient，efficient and legitimate flood risk governance – lessons from cross – country comparisons. STAR – FLOOD Consortium，Utrecht.

Ek K，Raadgever GT，Suykens C，Bakker MHN，Pettersson M，Beyers JC（2016b）An expert panel on design principles for appropriate and resilient flood risk governance – lessons from a workshop in Brussels. STAR – FLOOD Consortium，Utrecht.

Hegger DLT，Van Herten M，Raadgever GT，Adamson M，Näslund – Landenmark B，Neuhold C（2014）Report of the WG F and STAR – FLOOD workshop on objectives，measures and prioritisation workshop. STAR – FLOOD Consortium，Utrecht.

Hegger DLT，Driessen PPJ，Bakker MHN（eds）（2016）A view on more resilient flood risk governance：key conclusions of the STAR – FLOOD project. STAR – FLOOD Consortium，Utrecht.

Mees H，Crabbé A，Alexander M，Kaufmann M，Bruzzone S，Lévy L，Lewandowski J（2016）Coproducing flood risk management through citizen involvement：insights from cross – country comparison in Europe. Ecol Soc 21（3）：7.

第二部分

从业人员指南
洪水治理启示录

汤姆·拉格弗、尼克·布斯特和马蒂金·斯廷斯特拉

第7章

洪水风险管理和治理的相关性

汤姆·拉格弗、尼克·布斯特和马蒂金·斯廷斯特拉

7.1 欧洲洪水风险

按照通行的公式，洪水风险是洪水概率和后果的乘积。造成洪水的原因各种各样：当地降水（暴雨洪涝）；河流或季节性融雪（河流洪水）；海洋（潮汐、风暴潮）；或是在地形险要的流域内的降水以及急速径流（闪洪）。实体和人类系统之间的相互作用不仅复杂而且处在动态变化之中，而这种相互作用又对洪水产生影响，所以很难预测洪灾。

在欧洲，洪水是最常见的自然灾害，其伤亡人数最多，造成的经济损失也最严重（古哈·萨皮尔等，2013）。欧洲所有国家都存在洪水风险，这也是洪灾和其他自然灾害的不同之处。2000—2005 年，欧洲发生了 9 次重大洪灾，共有 155 人伤亡，经济损失超过 350 亿欧元（巴雷多，2007）。2013 年中欧洪灾造成 25 人伤亡，经济损失达 150 亿美元（数据来自慕尼黑再保险集团）。2013—2014 年冬季，英国发生洪灾，共 5000 户房屋被淹，17 人死伤，经济损失超过 20 亿英镑❶。2015 年 10 月，法国里维埃拉地区遭受重大洪灾，至少 19 人死伤，经济损失约为 6.25 亿欧元。❷ 近年来灾情频发，说明治水之难，也凸显洪水风险管理的重要性。

专家预计，如果不采取行动，欧洲洪水的概率和潜在后果都会增加。气候变化很可能会导致海平面上升，引发极端天气现象，增加洪水发生的概率（政府间气候变化专门委员会，IPCC2011）。专家预计，未来 30 多年内，欧洲境内重现期超过 100 年的洪峰的平均频率将加倍（阿尔菲里等，2015）。土地沉降可能会加剧洪水风险，这种情况多见于三角洲地区。同时，由于洪水多发地区内人口和经济不断增长，城市化程度越来越高，一旦发生极端天气，后果可能更加严重（巴雷多，2009；米切尔，2003）。

---

❶ 来源：http://floodlist.com/insurance/uk/cost-of-2013-2014-floods.

❷ 来源：www.catnat.net，2001—2015 年灾情报告。

STAR - FLOOD 洪水治理研究项目

STAR - FLOOD 项目表示优化并改革欧洲洪水风险管理实际操作方法——适当部署洪水治理要素，提高抗洪能力。项目重点是，通过分析、解释、评估和规划政策，提高欧洲范围内所有城市群应对河流洪水风险的能力。该项目在欧洲六个国家（比利时、英国、法国、荷兰、波兰和瑞典）18 个易受灾城市地区开展案例研究。这个项目目标宏大，它的研究成果具有重要意义，为制定并落实欧洲、国家和地区级新政策和法律提供了重要的参考，还对公私合作模式的发展起到促进作用。STAR - FLOOD 项目于 2012 年 10 月 1 日开始，2016 年 3 月 31 日结束。

7.2　STAR - FLOOD 项目六国国家内的洪水风险

STAR - FLOOD 项目六国都面临洪水威胁，但是洪水成灾的机制和洪水风险的严重程度不同。

比利时，硬化表面所占百分比相对较高，这降低了雨水的渗透能力，导致河流洪水风险增加。尽管近期大多数洪水主要都由河流引发，但是综观 20 世纪，比利时危害最大的洪水是由暴风雨引发的河流或海岸洪水（1953 年和 1976 年灾情最严重）。

英国洪水风险高，六分之一的物业容易受到河流、海岸和/或地表水洪灾的侵袭（环境署，2009）。由于气候变化加剧，城市化发展，人口增长，排水系统老化等因素的影响，英国的洪水风险不断增长。

法国自然灾害中，洪灾占 60%，26% 的人居住在洪水多发地区。这些地区面临的风险有的来自潮汐洪水和风暴潮（法国西部和北部），有的来自暴雨洪涝和闪洪（法国南部），有的来自河流洪水（干流沿岸）；而在大部分城市地区，暴雨洪涝还是最常见，最严重的风险。相对而言，由于 20 世纪和 21 世纪法国很少发生特大洪灾，人们的洪水意识较弱。

荷兰，26% 的国土面积位于平均海平面以下，59% 的国土面积易受洪灾影响。55% 的国土受到堤坝或沙丘的保护，免遭潮汐和河流洪水的侵袭。1953 年特大洪灾暴发，仅荷兰一地就有 1800 人死伤，比利时和英国也受到影响。洪水过后，荷兰痛定思痛，制订并落实三角洲计划——建设防洪工程，避免如此严重的灾难再次发生。1953 年洪水之后，荷兰至今尚未发生破坏程度与之相似的洪灾。1993 年和 1995 年，水情一度告急，但是没有发生溃坝事故。由于气候变化，夏天暴雨强度增加，市区还会发生一些小规模的河流洪水。

波兰的洪水风险严重，几乎一半城市面临威胁。1997 年的"千年洪灾"影响了波兰 2% 的国土，造成的损失总计约为 25 亿欧元（占国内生产总值的 1.7%）。❶ 由于城市化发展，不可渗透表面增加，波兰洪水风险日趋严重。2010 年，中欧大部分地区再度暴发洪

---

❶ 来源：http://mcebrat.republika.pl/flood.htm.

水，华沙和其他地区损失惨重。❶ 从平均年度降雨量看，无法清楚预测中欧气候变化将产生什么样的影响，但是降雨强度可能会增加。

相对而言，尽管瑞典是欧洲面积最大的国家，水文和地理条件复杂，但它面临的洪水风险较小。但是瑞典各地洪水概率和后果差别很大。河流洪水在这里最为常见，大部分由强降雨和融雪引发。专家认为，斯堪的纳维亚半岛国家的气温增幅将超过预计全球均值，那么强降雨次数也会增加（表 7.1）。

表 7.1　STAR - FLOOD 项目国家内 2002—2013 年洪灾的类型、数量，经济损失和死亡人数（来源：DG 环境 2014）

国家	洪水成灾的原因	2002—2013 年洪灾爆发次数（次）	2002—2013 年所有洪灾损失总额（外推）（欧元）	2002—2013 年洪灾死亡人数（人）
比利时	暴雨、河流、潮汐、风暴潮	10	1.8 亿	5
法国	暴雨、河流、闪洪	48	87 亿	152
荷兰	暴雨、河流、风暴潮、闪洪	3	1400 万	0
波兰	暴雨、河流	10	24 亿	24
瑞典	暴雨、河流、融雪	1	3.2 亿	0
英国	暴雨、河流、潮汐、风暴潮、闪洪	48	23 亿	57

7.3　业界指南

7.3.1　主要目标和目标读者

欧洲洪水风险日益严重，决策者必须改进风险管理方式。本书的主要目标是启发业内人士：如何在一国之内，或是特定地区之内，找到更合适的洪水风险管理方法；如何通过有效治理，贯彻这些方法。为了实现这一目标，既要从日常作业入手，逐步改良，收到递增效果，也必须实施结构性改革。本书以 STAR - FLOOD 项目研究结果为依据并根据实际需要，介绍其他研究和政策项目的相关先进操作方法和建议，以飨读者。本书回答如下问题：

（1）在条块分割的环境中，执行方如何保持联系？

（2）如何实现策略的灵活组合？

（3）如何保证策略的落实？

（4）如何因地制宜，根据国家/城区的具体情况作出相关决策？

（5）有哪些可用的机制？

对参与欧洲洪水风险管理的所有利益相关方而言，本书都具有参考价值。本书的目标读者则是其中部分执行方——他们对洪水治理的运作方式感兴趣，而且有志于发掘机会，自主改进洪水风险管理操作方法，这包括但不限于：

（1）负责制定或实施具有战略意义的一项或多项洪水风险管理策略（部门水管理

---

❶ 来源：http：//mcebrat. republika. pl/flood. htm.

和洪水风险管理、空间规划和灾害管理）的国家、地区和地方决策者（主管单位和非政府组织）。

（2）私营方，如咨询和保险公司。

7.3.2　第二部分大纲

第 8 章介绍五种洪水风险管理策略以及洪水风险管理的三项终极目标，并以这些信息为基础，提供高效策略组合开发指南。

第 9 章解释有效治理对于策略实施的重要性，并就如下事宜提供实用指南：在任何给定条件下，如何判断治理改革是否必要，如何评估改革效益；如果必须改革，应该采取哪些具体步骤。

第 10 章～第 13 章详细介绍常见难题和先进操作方法：我们鼓励读者学习这些来自其他国家和案例的经验，它们既有借鉴作用，也能启迪新知。第十章介绍综合规划、协调和合作过程中的难题以及相关的先进操作方法。第 11 章～第 13 章详细分析洪水风险管理周期内各特定阶段中的难题和相关的先进操作方法。

这些章节构成全篇，但是内容相互独立，方便读者直接查找并阅读个人感兴趣的部分。第 10 章～第 13 章都以一段鼓舞人心的访谈为开头——接受采访的全是业内人士，之后再详细说明比利时、英国、法国、荷兰、波兰和瑞典各国普遍存在的难题。最后，为每一道难题介绍一种或多种先进操作方法——在特定国家和情况下，洪水风险管理部门如何采用这些方法，成功解决了这些难题。希望本书有助于解决从业人员在洪水风险管理作业过程中遇到的困难。

先进操作方法的选择

先进操作方法指的是那些经实践经验有效的项目，机制或其他操作方法，采用这些方法，能够在不同背景下，实现洪水风险管理目标。这些操作方法有助于达成最终目标，即抗洪能力、效率和/或合法性（第 8.3 节）。

本书介绍的先进操作方法都是来自 STAR - FLOOD 项目国家的具体实例。STAR - FLOOD 项目调研过程中，通过实地考察，也通过和所有合作方交流，研究人员搜集了海量实证资料，再从中甄选出"先进操作方法"。这些方法应该能够给其他国家和地区的业内人士带来启发。

但是本书在选择过程中，难免会带有主观性，也有挂一漏万之嫌，无论在 STAR -FLOOD 项目国家，还是在欧洲乃至全世界，都还有更多优秀的操作方法。

受国际优秀操作方法的启发，本书促进对洪水风险管理各种要素的理解，并且鼓励改革。本书还鼓励业内人士继续探索、试验。

第二部分还提供索引工具，帮助读者迅速找到相关章节。快速参考图包括第 10 章～第 13 章内所有先进操作方法。该图列出与每一种方法对应的洪水风险管理策略和治理内容，以及最终目标。该图将同一国家的先进操作方法放在一起。读者可以根据国家、策略、治理内容或目标查找先进操作方法。而在每一个详细说明先进操作方法的章节之前，都有会有图标，也分别对应相关的策略、治理内容和目标。术语表则提供本指南中最重要的术语和缩略词的释义。

7.3.3 在线指南

本书还有在线版本。在线版本基本内容与纸质版本相同，但是另附详细资料，介绍六国以及各案例实况，而且更便于互动，因为它由许多小的信息模块组成，这些信息模块又相互链接，形成有机整体。读者很容易就能查找到自己感兴趣的内容。读者可以访问 www. star - flood. eu/guidebook，查阅在线版本。

参 考 文 献

Alfieri L，Burek P，Feyen L，Forzieri G（2015）Global warming increases the frequency of river floods in Europe. Hydrol Earth Syst Sci 19：2247 - 2260.

Barredo JI（2007）Major flood disasters in Europe：1950 - 2005. Nat Hazards 42：125 - 148.

Barredo JI（2009）Normalised flood losses in Europe：1970 - 2006. Nat Hazards Earth Syst Sci 9：97 - 104.

DG Environment(2014) Study on economic and social benefits of environmental protection and resource efficiency related to the European semester，ENV. D. 2/ETU/2013/0048r. In：Final version.

Environment Agency(2009) Flooding in England：a National Assessment. Environment Agency，Bristol.

Guha - Sapir D，Hoyois P，Below R（2013）Annual disaster statistical review2012：the numbers and trends. CRED，Brussels.

IPCC（2011）Summary for policymakers of intergovernmental panel on climate change special report on managing the risks of extreme events and disasters to advance climate change adapta - tion. Cambridge University Press，Cambridge.

Mitchell JK（2003）European river floods in a changing world. Risk Anal23（3）：567 - 574.

Munich Re（2014）NatCat service，natural catastrophes 2013 overview，Münchener Rückversicherungs - Gesellschaft，Geo Risks Research.

第 8 章

洪水风险管理策略

汤姆·拉格弗、尼克·布斯特和马蒂金·斯廷斯特拉

8.1 管理策略

欧盟成员国的洪水风险管理历来以洪水防御为重点，其理念可以概括为"让水远离人"。但是现在，业内人士普遍认识到，为了管理洪水风险，首先应该设计出多种方案，然后加以组合搭配，灵活运用，以实现最终目标：尽量降低洪水发生的可能性，减轻洪灾后果。而近期的政策文件也号召决策者采用灵活多样的组合策略——欧盟的《洪水指令》（2007/60/EC）和联合国国际减灾战略组织（UNIDSR）的《兵库行动框架》就发出了这种号召。在 STAR - FLOOD 项目中，我们把洪水风险管理策略分为五大类，这几类策略灵活组合，构成多样化的综合策略。

在本书中，我们以三个主要阶段（洪水之前、洪灾之中和洪灾之后）内的重要任务为依据，将洪水风险管理策略分为五类。❶

1. 洪水之前

（1）洪水风险预防策略采取相关措施，禁止或劝退洪水风险高的地区内的开发活动（如空间规划、再分配政策、征地政策），减少易受灾地区内的人口和物业分布。本策略的重点是只在洪水高发地区之外建房，"让人远离水"。

（2）洪水防御措施旨在降低洪水发生的概率。具体措施如下：使用防洪基础设施（比如堤坝和围堰）；增加现有水渠的容量；增加水空间，为上游持水创造空间。一言以蔽之，"让水远离人"。

---

❶ 这三个阶段（洪水之前、洪灾之中和洪灾之后）的划分以风险管理周期和抗灾能力文献为依据。但是这种划分未免主观，而且有时还比较模糊。如洪水警报制度和疏散计划属于洪水准备和响应策略，但是必须在洪水之前到位，否则洪灾来临时根本无法发挥作用。恢复机制（如保险制度）也是如此。再者，策略之间的内在联系也不容忽视。如高危地区的投保金额巨大，可能会产生这样的影响：人们不愿意在那里建房（预防策略），或者会采取措施，为房屋做防水处理（缓解策略）。

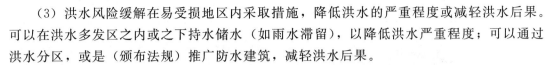

（3）洪水风险缓解在易受损地区内采取措施，降低洪水的严重程度或减轻洪水后果。可以在洪水多发区之内或之下持水储水（如雨水滞留），以降低洪水严重程度；可以通过洪水分区，或是（颁布法规）推广防水建筑，减轻洪水后果。

2. 洪灾之中

洪水准备和相应措施包括确立洪水警报制度，编制灾害管理和疏散计划，在洪灾发生的时候实施危机管理。

3. 洪灾之后

洪灾恢复包括重建计划，以及公共补偿或私营保险制度。

> **《洪水指令》之间的联系**
>
> 　　欧盟《洪水指令》于 2007 年 11 月 26 日正式生效。《洪水指令》对成员国提出如下要求：①评估洪水、水道和海岸线的风险；②绘制洪水风险地图，标明洪水范围、洪水高危地区内的资产和人分布状况；③采取充足，协调的措施，降低洪水风险。
>
> 　　指令还强化公众的洪水知情权，以及决策过程参与权。《洪水指令》应该和《水框架指令》配合使用。在编洪水风险管理计划和河流流域管理计划时，应通过公众参与程序确保计划之间的协调性。
>
> 　　《洪水指令》的实施对欧盟成员国的洪水治理产生了影响，而且这种影响还会持续下去。在一些国家，《洪水指令》是推动改革的主要力量。2015 年，洪水风险管理计划结项，《洪水指令》第一轮实施也告一段落。STAR - FLOOD 项目分析了《洪水指令》对洪水风险管理和治理的影响，总结经验教训，供第二轮实施时借鉴。详情参见可提交文件"以规划为导向的框架"，以及即将发布的"政策简报"。

8.2　STAR - FLOOD 项目六国的管理策略

　　由于洪水风险日趋严重，近期洪灾频发，在许多欧洲国家，洪水风险管理成了越来越重要的政治议题。2007 年《洪水指令》出台，它要求所有欧盟成员国分析国内洪水风险，并且制定综合性的洪水风险管理计划。但是各成员国有很大的自主权，可以自行制定风险管理目标，自主选取相关策略和措施，以实现这些目标。STAR - FLOOD 项目六国采用的策略各不相同，见表 8.1。该表用颜色的深浅代表 STAR - FLOOD 项目六国内五类治水策略的重要程度。❶

---

　　❶　深色表示该国内某项策略的重要性更强，浅色则表示重要性较弱。该表反映了全国范围内的普遍情况，各地区和地方的具体情况并不一样。我们搜集了许多各国科学和政策文件，并采访了许多利益相关方，以分析结果作为制作该表的依据（参见第 18. 2. 1 条内第三工作包报告）。但是，表中的划分依然有点武断。

表 8.1　　　　　　　欧洲六国内五类洪水风险管理策略重要程度之比较（2015）

国　家	预　防	防　御	缓　解	准　备	恢　复
比利时					
英国					
法国					
荷兰					
波兰					
瑞典					

比利时由三个政治分区组成：佛兰德斯、瓦隆和布鲁塞尔。过去 25 年来，这三个地区一直独立制定属于本地区的政策和规划。1953 年和 1976 年洪灾之后，比利时的洪水治理以风险预防和洪水防御为核心任务。近年来，比利时采取了不少缓解措施。由于其制度的复杂性，在比利时每一个地区都有各种可用机制。

在法国，尽管在话语层面，预防策略颇受重视——强调落实风险预防计划的重要性。但实际上，法国的洪水风险管理政策依然以防御和恢复为两大基本点。2002 年，法国开展了洪水预防行动计划（PAPI），该项目在地方范围内开始落实洪水综合治理原则。在此行动项目中，从财政投资这个角度看，洪水防御策略依然占主导地位，但是决策者已开始考虑其他策略。

在波兰，历史上洪灾频发，给人们带来惨痛的回忆，所以波兰也认为防洪基础设施建设是最有效的洪水风险管理办法。波兰的洪水风险管理以洪水防御为重点，辅之以洪水准备和风险预防策略。《洪水指令》实施之后，迫于欧盟的压力，波兰也开始考虑制定缓解和恢复计划，但是一切仍在起步阶段。

在荷兰，自中世纪以来，洪水保护就是在低洼地区居住的先决条件。1953 年洪水过后，荷兰开展三角洲计划，保护策略获得更强的发展动力。荷兰缩短了海岸线，加高了堤坝和沙丘。近年来，决策者开始重视洪水风险缓解和洪水准备策略。

在英国，洪水风险管理也有很长的历史。而且早在约 60 多年前，英国就已经制定出全部五种策略，之后一直致力于发展多样化的洪水风险管理综合策略。在这一思路的指导下，英国一直坚持多种措施协调使用，并且开发出具有创新意义的措施和方法。如英国采用以物业为单位的风险管理措施，并且实施社区洪水行动计划，以增强缓解、准备和响应策略。如今，和其他国家相比，英国的洪水风险管理策略综合性更强，不会偏废其中任何一种策略。

在瑞典，其情况和别的国家都不一样，它没有国家级的洪水风险策略。瑞典主要通过一系列的环境政策管理洪水风险。由于瑞典的洪水往往只有局部影响，所以大部分洪水风险管理措施也只是地方行为。如应急管理和洪水准备都由市政府组织。相比之下，国家政府很少组织洪水治理行动。瑞典有洪水保险，它是家庭或建筑物保险中的一部分，这意味着，洪水恢复策略具有重要地位。近年来，瑞典也开始重视洪水防御。

8.3 以抗洪能力、效率和合法性为目标

洪水风险管理策略多种多样，各个国家采用的策略千差万别。那么问题来了，如何改进国家目前的策略和措施组合？如何确定改进方向？换言之，改进应该符合什么样的标准？

这个问题的答案由两部分组成，具体如下：

第一部分，不存在"放诸四海而皆准"的解决方案。"改进"的具体标准由社会和政治偏好，以及特定的实体和社会环境决定：社会面临哪些类型的洪水？风险有多严重？什么是可接受的风险水平？谁觉得这样的风险水平可以接受？社会希望洪水风险降低到什么地步？愿意为之付出什么样的（社会）代价？已经采取了哪些措施？什么是决定未来发展方向的实体和制度边界条件？

第二部分，我们可以根据灾害风险管理和治理文献中的最新成果，向读者提供社会普遍追求的目标，指明可能的发展方向。本节详细说明洪水风险管理的三个期望目标（抗洪能力、合法性和效率），以及它们的基本标准（亚历山大等，2016）。以此为基础，我们能更清楚地把握改进方向。在选择策略和措施，优化治理部署的时候，读者都可以采用这些标准。

因此，读者应该谨慎对待上述普遍目标和标准。我们更希望能给作者带来启发，实现优化洪水风险管理的目的，而不是要利用这些标准分出高低上下。目标及其基础标准详情见下文。

8.3.1 抗洪能力

抗洪能力可以分为三个部分，即洪水的阻抗能力、洪灾吸收和恢复能力，以及适应能力。

"抗洪第一道防线"，即洪水的阻抗能力，指使用洪水防御等相关策略，防止洪水灾害发生的能力。

"抗洪第二道防线"，即洪灾吸收和恢复能力。无论洪水防御策略多么完美，有些洪灾仍不可避免，所以洪水吸收和恢复能力也很重要。具备这种能力，就能应对可能发生的安全事故，像是汽车里面的气囊。通过采取相关措施，减轻洪灾后果，帮助受灾地区尽快恢复，就能增强洪灾吸收和恢复能力。如可以在洪水之前推广防洪建筑，就能在洪灾发生的时候减少经济损失；在洪灾之中，可以按照疏散计划指导居民撤离；保险方案能够在洪灾之后，帮助受灾地区迅速恢复。保险方案还能间接鼓励个人采取措施，预防和缓解风险，如可以向那些采取措施减少损失的物业业主提供更优惠的投保价格。这样能够帮助社区克服洪灾造成的困难，尽量减轻洪灾的破坏性影响，迅速恢复到正常状态。

"抗洪第三道防线"，是适应能力，即学习、创新并改进洪水风险管理的能力。

8.3.2 效率

效率也是一项期望目标，它强调洪水风险管理和治理过程中，执行方应以高效率的方式使用资源（经济、人力和技术）；实现预期产出最大化，必要投入最小化。经济效率专指财政资源的使用。资源效率则是更广泛的标准，它指的是其他类型的资源的使用，其中

包括技术、基础设施资产和人力资源（如知识、技术和人员）。❶

8.3.3　合法性

　　合法性的定义为，社会对洪水风险管理和相关治理部署的投入、过程和产出的接受程度。它包括问责制、透明度、社会公平、参与度、知情权、程序正义、可接受性多方面的内容。如决策过程和相关信息应公开透明，让所有受影响的利益相关方都能看到决策如何产生。各类利益相关方应该有机会在需要的时候参与决策过程。所有利益相关方应该能够挑战既定决策，还应确保法治。同时，应以公平的方式在利益相关方中分摊成本，分配收益。

8.4　如何选择洪水风险管理策略

　　人们可能会感到疑惑：这些期望目标（抗洪能力、效率和合法性）对于策略选择到底意味着什么？在确定最优策略组合的过程中，最直接的适用标准是阻抗能力、吸收能力和资源效率。前两种能力反映出，如果同时实施多种洪水风险管理策略，能够增加易受灾地区的抗洪能力。

　　在多数欧洲国家中，工程师和洪水防御措施在洪水风险管理领域内占主导地位。尽管这种策略往往看起来颇有成效，而且符合经济效率标准的策略，但是其他的策略能够丰富并优化洪水风险管理。整合多种洪水风险管理策略，可以降低生命、社会、经济、环境和文化损失，启动洪灾之后的恢复或智能适应机制。换言之，如果一种策略失效，另外一个还在正常运作，权作后备。

　　同时实施所有的洪水风险管理策略可能会降低效率。如和投资防水建筑相比，投资防洪工程可能效率更高。起决定性作用的，往往是当地实体环境，以及主管部门实施特定策略的治理能力。

　　如在有些国家，洪水防御策略是重中之重，那么有效的防洪基础设施就是必要措施（雪中送炭），其他的策略可以被视为附加措施，用来减少剩余风险（锦上添花）。而英国这样的国家采用更全面均衡的组合策略，它可能会遭受更多的洪灾，但是同时在洪灾响应和恢复方面表现更出色。法国（比利时可能情况类似，但是程度较轻）有完善的恢复系统。这能增强国家的抗洪能力，但是存在另一种风险：公民和企业可能会忽视预防和缓解措施。换言之，公民和企业相信，一旦发生洪灾，他们的损失将得到补偿——就没有必要采取预防和缓解措施。

　　STAR-FLOOD 项目的一个重要发现是，落实多种策略可能导致条款分割。所以，确保策略互联互通，协同一致的执行方、政策、法律和其他工具和机制就非常重要。

　　由于没有"放诸四海而皆准"的解决方案，我们建议，应该以特定国家或地区为背景，评估每条策略和策略组合的优缺点。这样一来，决策者能够摸索出适应当地实体、社会经济和制度环境的治理方式。

　　下一章我们将详细介绍，在分析并改进特定地区的洪水治理时可以采用"四步骤"程

---

❶　有效性，即目标组合的实现，是抗洪能力和效率两项标准的潜在基础条件。所以，改进洪水风险管理和治理的有效性也非常重要。

序。这些步骤既和所选择的策略有关，也和能够确保策略得以实施的治理要素相关，还和各类策略和治理部署的桥接机制有关。而在第 10 章，我们列出一系列具体的综合规划先进操作方法。这些例子可能具有启发作用，帮助读者了解应该如何选择最优策略和措施组合。

参　考　文　献

Alexander M，Priest S，Mees H（2016）A framework for evaluating flood risk governance. Environ Sci Pol 64：38-47.

European Union（2007）Directive2007/60/EC of the European Parliament and of the council，on the assessment and management of flood risks.

第9章

洪 水 治 理

汤姆·拉格弗、尼克·布斯特和马蒂金·斯廷斯特拉

9.1 洪水治理部署

越来越多的科学文献（赫格尔等，2014；米斯等，2014；莫斯泰特等，2008）和政策文件（2007 年欧盟《洪水指令》，2005 年联合国国际减灾战略组织的《兵库行动框架》，2015 年经济合作与发展组织的水治理原则）指出，洪水风险管理不仅仅是技术问题。越来越多的人意识到，洪水风险策略的实施，以及策略间的协同或融合，实际上是治理问题。为了成功实施这些策略，应该将其适当融入洪水治理部署之中，这一点至关重要。总体而言，必须齐备如下要素：

（1）相关执行方（如空间规划员、水管理员、应急服务部门和保险公司）应承担责任，并且合作实施策略。

（2）策略融入执行方的话语（如思想、讨论和政策）之中。

（3）策略的实施由正式和非正式的规则支持。

（4）执行方拥有必要的权力和资源（财政、知识、政治和互动技巧）。

STAR - FLOOD 项目围绕执行方、话语、规则、权力和资源这四个维度开展研究。表 9.1 列出了每个维度内的相关要素。所有这些治理要素必须共同运作，任何一环都不能脱节，否则就会影响策略的实施。为确保策略的成功实施，还必须满足如下基本要求：透明的社会讨论，细致量化的规范化目标（如可接受的保护水平），明晰的责任分配，完备的信息结构，所有利益相关方的参与和合作，健全的法律和政策，充足的资金以及透明的资金流向。此外，如前所述，桥接机制必须到位，以确保各策略和治理部署之间互联互通，协同一致，避免条块分割现象（第 10 章）。

表 9.1   洪水治理部署的维度及其基本要素

执行方	话语	规则	权力和资源
·公共执行方	·相关科学范式和不确定性	·法律	·合法权威，其中包括规范物业（征地）的权利

续表

执 行 方	话　　语	规　　则	权力和资源
• 私营执行方 • 公民 • 联盟和对手 • 互动模式	• 政策计划、政策目标（感知问题）和政策概念 • 历史隐喻和叙事 • 政策和法律原则	• 宪法,程序性和实质性规范 s • 程序性文书 • 法律传统 • 跨国和跨部门规则协调（融合） • 政策和法律原则 • 非正式规范,文化	• 财政权力 • 知识 • 非正式政治网络 • 互动技巧

9.2　STAR - FLOOD 项目国家的治理部署

　　STAR - FLOOD 项目国家的洪水治理部署差别很大。在比利时,水管理和空间规划权限都移交至地区（佛兰德斯、瓦隆和布鲁塞尔）级主管部门。每个地区都有自己的执行方、法律和政策。从执行方角度看,地区水系统部署之中,条块分割现象很严重。地区级主管部门根据水道类型（共四类）分配权限,为每一类水道专设水管理员。为了增加所有级别的水管理员之间以及水管理员和空间规划部门之间的协调性,佛兰芒地区政府于2003 年成立综合水政策协调委员会。瓦隆地区政府同年通过类似提案,成立（平级单位）联合洪水集团。佛兰德斯地区的流域委员会致力于发展流域范围内的综合水管理策略,瓦隆地区则通过河流契约实现这一目标。比利时联邦政府负责统一协调危机管理和保险制度。

　　在英国,于 2010 年通过《洪水和水管理》法案,该法案明确规定,环境署、先导地方洪水管理部门、内部排水委员会、地区委员会、高速公路局和水公司是负责风险管理的主管部门。但是还有更多影响洪水风险管理的利益相关方,空间规划员就是其中一例。英国的洪水治理部署由许多分支组成,每个部署分支都由单独的政策、法律和非正式规则。不同部署之间联系紧密,目标一致。洪水防御和缓解资金主要来自国家级政府。此外,合作基金项目开展后,允许公共和私营基金投资治水项目。此外,保险公司在洪水恢复策略中起着重要作用。目前,保险制度正处于改革过渡期。

　　在法国,洪水风险管理执行方主要是中央和地方公共主管部门。法国已经进入去中心化程序,但是并未完全实现分权目标。由于国家负责立法和政策制定,同时负责程序控制,所以依然占据中心地位,但是与基础设施相关的责任已经下放至市级主管部门。落实治水措施所需的资源主要来自国家重大自然灾害基金（又称巴尼尔基金）,该基金来自住宅保险合同的税收。

　　在荷兰,水系统管理和洪水风险管理（以洪水防御为主）历来是国家水利部和地区级主管部门的责任。省市级主管部门参与空间规划和污水以及城市水管理。安全地区负责协调灾害管理。《水法案》（2009）规定,政府负责确保堤坝符合法定安全标准。目前,《水法案》已经更新,增补如下条款:每个居民的基本安全水平,相关经济价值以及团体风险水平。主管部门制定多项相关的综合政策,荷兰水计划和三角洲计划就是其中成果。负责水管理和风险管理的国家和地区主管部门掌握了丰富的专业技术知识，而且不必担心资金问题，国家和地区税收提供治水资金。

在波兰，地区排水、灌溉和基础设施主管部门负责 94％的洪水防御策略。剩下的 6％则是地方行政管理部门或地区水管理委员会的责任。地区排水、灌溉和基础设施主管部门接受省政府监督，但是和农业与农村发展部联系密切。《水框架指令》和《洪水指令》实施之后，变化迅速发生，波兰也开始实施综合风险分析和管理策略。1997 年的洪水推动了法律和组织机构改革，《水法案》（2001），《自然灾害状态法案》（2002）和《危机管理法案》（2007）相继出台。洪水预防措施主要由中央政府提供资金。防御策略逐步获得更多来自准备和预防策略的配合和支持。

在大多数国家，国家级主管部门都承担重要的洪水风险管理任务，但是在瑞典，根本不存在中央级的洪水风险管理综合机构。瑞典也没有国家级洪水风险管理策略。但是，瑞典提出了一系列 2020 年环境目标，其中部分内容涉及洪水风险问题。于是，在环境、空间规划和住宅政策领域内，都有零散的洪水风险问题，而这些政策背后，都有相应的关键法律机制。市级主管部门是瑞典洪水风险管理的主要执行方，他们负责应急管理、空间规划，水和污水管理。地区和国家主管部门为市级主管部门提供支持。财政资源大部分来自税收和地方收取的费用。成本由从某项措施中受益最多的一方承担。此外，保险公司在洪水恢复中也起到重要作用。

9.3 保持稳定或促进变化的因素

洪水风险管理策略和治理部署与时俱变。怎样做才能够促进变化，而且确保变化方向符合公众的期望？有一点至关重要：必须了解导致稳定和促进变化的因素。我们回顾大批文献，并分析六国过去数十年间的稳定和变化状况，发现了能解释稳定和变化的主要因素。它们大致可分为实体条件、实体和社会基础设施、结构性因素、机构和突发事件五类（马特扎克等，2016）。但是在实际环境中，只有数个相互联系的因素形成合力，才能推动变化。参与洪水风险管理的利益相关方（可以在各自的圈子内发挥影响）可以调动其中某些因素，但是另一些因素却不在他们控制范围之内。表 9.2 列出了推动洪水治理变化以及保持其稳定的因素。

9.4 如何推行特定地区内的洪水治理改革

第 8 章介绍了洪水风险管理策略，本章则讨论治理部署，以及保持稳定、推动变化的因素，从业人士可以利用这些信息，分析并改进特定国家、地区或城市的洪水风险管理和治理。本节我们概括出通用步骤，从业人士可以按照这样的步骤，分析并影响洪水风险管理。

我们建议：首先，应分析目前形势，明辨优势和劣势（因素），找出存在的机会和威胁；其次，明确期望状态，其中包括为达到这种状态而必须作出的改变；再次，考虑需改变事项的先后顺序，考虑应由什么人作出什么样的改变；最后，也是最难的一步就是，采取行动，作出改变，实现期望目标。之后，应监控所采取行动的结果——新一轮改革随之开始。

9.4.1　第一步：分析目前形势

首先，应通过分析，解答如下问题：特定地区洪水风险的类型和严重程度；目前已经实施的策略；有哪些人受影响？他们有什么样的期望？他们的行为受哪些法律和不成文规则的指导？他们使用哪些财政资源、行使哪些权力，利用哪些知识？我们建议，应以读者本人所在的地理位置和从事专业中的策略和治理部署为重点。

我们建议，之后应该进行 SWOT 分析：列出目前策略和治理部署内部的优势、劣势，外部的机会和威胁。目前的治理部署是否采取了恰当措施将洪水风险降低至可接受的水平？在实施这些措施的过程中，存在哪些瓶颈？有哪些潜在的威胁和改进的机会？

9.4.2　第二步：明确期望状态

以 SWOT 分析为起点，读者能逐渐考虑清楚：理想的洪水风险管理形势应该是什么样？如 50 年之后，人们期望的形势是什么样？这样思考，有助于超越现状的局限，把重点放在"期望"二字上。可以和其他利益相关方一起开研讨会，讨论可能的情景，交流对未来的期望，这有助于规划共同远景（谢泼德等，2011；莫斯泰特等，2007）❶。

本书第 8.3 节列出的评估标准（抗洪能力、效率和合法性）以及第 10 章～第 13 章介绍的先进操作方法也会给读者带来启发，帮助他们把握改进的方向。

9.4.3　第三步：明确应采取的行动，并决定其先后顺序

需要采取什么样的行动才能实现期望的形势？其中哪些是最重要的行动？哪些最具可行性？组织结构的改变往往需要很长的时间，而且需要多执行方的努力和合作。读者可以画一张标注时间的发展路径草图——为了从目前形势走向期望形势，必须作出哪些改变，都可以在图上显示出来。读者还可以采用某些预测技术，比如反推法，适应性路径等。本书第 10 章～第 13 章中介绍的先进操作方法也能给读者启发：可以采取什么样的具体行动，促成某些特定的预期变化。

没有人愿意浪费时间和精力却一无所获，所以我们建议，将工作重心放在最重要的地方，放在那些你确实能够发挥影响，促成变化的地方。表 9.2 能帮助你辨别：哪些促进变化的因素在你影响范围之内，哪些则在你影响范围之外。我们建议，请从"唾手可得的果实"入手，这样能激励参与改进的执行方，让他们再接再厉，获得更大成功。建议是摸清情况：在相关地区变化程序是不是已经开始，能不能借势实现某些新的设想。

表 9.2	保持稳定和促进变化的因素	
项　目	保　持　稳　定	促　进　变　化
·难/无法施加影响	·过去大量投资基础设施（沉没成本） ·国家经济发展水平/可用资源 ·普遍实体情况（比如，洪水威胁的类型） ·气候变化、社会—经济变化	·（近期）洪灾 ·洪水基础设施（过去的投资）的养护成本不断增长 ·学习、创新和改革文化

❶ 又见：http://participedia.net/en/methods/scenario-workshop.

续表

项　　目	保　持　稳　定	促　进　变　化
·可以施加影响	·治理以特定的可接受的责任分配为中心 ·和现有策略相关的强大专业知识体系和强势学术圈 ·现有法律（规则和程序形成法律机制） ·政治规范和行为规范 ·强势历史叙事 ·公众对现有制度及其效率的信任 ·相信现有策略/部署的效率	·目前策略的漏洞 ·当前规则的合法性不断下降 ·新理念、问题定义和政策概念 ·新知识和专业技能（学习） ·欧盟《洪水指令》之类的新规则 ·创新者提醒大家：目前方式欠佳 ·特定利益集团的强大压力（执行方联盟）

9.4.4　第四步：开始变化

一旦决定了要做什么，就不能再浪费时间。我们建议大家采取联合行动，这样不仅可以整合资源，还能相互勉励。

这种"四步骤"改革方式看上去可能很简单。实际上，改进洪水风险管理是个特别复杂，特别困难的过程。许多执行方必须参与多种互相联系的、非线性的程序，而个人或组织只能发挥部分影响。最终的成功需要不懈的努力，多次的反复，持续的沟通，以及能力的培养。

参 考 文 献

European Union（2007）Directive 2007/60/EC of the European Parliament and of the council，on the assessment and management of flood risks.

Hegger DLT，Driessen PPJ，Dieperink C，Wiering M，Raadgever GT，Van Rijswick HFMW（2014）Assessing stability and dynamics in flood risk governance：an empirically illustrated research approach. Water Resour Manag 28：4127－4142.

Matczak P，Wiering M，Larrue C，Lewandowski J，Tremorin JB，Schnellenberger T，Mees H，Kaufmann M，Crabbé A，Ganzevoort W，Liefferink D，Alexander M，van Rijswick HFMW，Choryński A，Ek K，Pettersson M（2016）Changes and beyond：overview and comparison of flood risk governance arrangements in six countries. STAR－FLOOD Consortium，Utrecht.

Mees HLP，Driessen PPJ，Runhaar HAC（2014）Legitimate and adaptive flood risk governance beyond the dikes：the cases of Hamburg，Helsinki and Rotterdam. Reg Environ Chang14：671－682.

Mostert E，Pahl－Wostl C，Rees Y，Searle B，Tàbara D，Tippett J（2007）Social learning in European river－basin management：barriers and fostering mechanisms from 10 river basins. Ecol Soc12（1）：19.

Mostert E，Craps M，Pahl－Wostl C（2008）Social learning：the key to integrated water resources management? Water Int 33（3）：293－304.

OECD－Directorate for Public Governance and Territorial Development（2015）OECD principles on water governance.

Sheppard SRJ，Shaw A，Flanders D，Burch S，Wiek A，Carmichael J，Robinson J，Cohen S（2011）Future visioning of local climate change：a framework for community engagement and plan－ning with scenarios and visualization. Futures 43（4）：400－412.

UNIDSR－The United Nations Office for Disaster Risk Reduction（2005）Hyogo framework for action，building the resilience of nations and communities to disasters.

第 10 章

综合规划、协调和合作 *

汤姆·拉格弗、尼克·布斯特和马蒂全·斯廷斯特拉

从业人员访谈录：

我负责瓦隆地区政府两个部门交叉业务的协调工作，它们分别是农业、自然资源和环境部，空间规划、城市规划和能源部。说到洪水风险管理，我们的目标是，不管是农业项目还是农业区附近的开发项目，都要妥善考虑洪水风险（尤其应该预防因土壤流失造成的泥水流）。此外，我们为建筑项目内的独立地块或小块土地制定了雨水管理地区框架。

我认为有必要实施这样的策略：首先，以城市环境中的地块为单位，加强雨水渗透能力。为此，需要根据当地具体情况（如当地土壤渗透性）

弗朗索瓦·迈耶，来自
瓦隆地区农业、自然资源和环境部

灵活运用相关的技术原则。同时，对法律框架作出调整。城市规划和空间规划项目档案中，应该增加一章新内容——评估该项目对水循环的影响。最后，如果能成立技术单位为当地主管部门提供支持，肯定有好处。

为了加强规划的综合性，我们必须确定（城区和郊区）空间规划中的关键执行方和水管理员（饮用水、污水和水道）；允许他们在地区范围内合作；提出共同愿景执行方，水管理员和科学家之间应保持对话；向普通群众传达决策内容和其他信息。我最想提的一条建议是，组织平台，让来自各级别、各领域和多种组织的利益相关方和

＊电子版补充材料此文章在线版本（https://doi.org/10.1007/978-3-319-67699-9_10）包含补充材料，供授权读者查阅。

主管部门聚在一起，相互交流。

　　瓦隆地区的联合抗洪团体就是这样的一个合作平台。该团体旨在应对河流洪水，隶属于 2003 年制定的"P. LU. I. E. S."项目。该团体每月组织会议，会议代表有的来自学术界，有的来自饮用水联盟，有的来自地区行政管理部门（负责空间规划；农村环境；道路；以及水框架指令的实施），还有的是省级和地区级水道管理员。

10.1　常见难题

　　第 8 章采用图文结合的方式，详细解释"抗洪能力"这一概念：抗洪能力既包括有助于阻抗洪水的策略（如洪水防御），也包括促进灾后吸收和恢复的策略（如保险）。许多国家和城市历来有重视洪水风防御的传统，现在也走上了多样化的发展道路，如他们开始关注防水建筑和灾害管理。决策者应确保这种多样化发展不能造成策略之间的冲突，包括各种政策应该优势互补、互联互通、协调一致、形成综合计划。

　　第 9 章强调优化组织或治理的必要性：合理组织执行方、话语、规则和资源，确保所选策略能够有效实施。在 STAR - FLOOD 项目考察的每一个国家，我们都遇到许许多多参与洪水风险管理策略制定和实施的执行方团体。执行方来自不同类型的组织（主管部门、非政府组织、企业、公民，研究人员）；不同的部门或领域（水管理、空间规划、灾害管理，保险等）；不同级别和范围的机构（欧盟、国家、地区和地方）以及河流流域内不同的位置（上游、下游），所有的执行方团体都有他们自己的成套理念、政策、法律，知识和财政体系等。如果相关执行方之间缺乏充分协调与合作，原本就复杂的治理系统可能会混乱不堪，无法发挥应有的作用。

　　本章介绍与综合规划以及协调和合作相关的常见难题和先进操作方法。这些先进方法可以被视为"桥接机制"：策略和执行方（团体）通过桥接机制紧密相连，克服条块分割弊病，发挥协同增效的作用，共同实现降低洪水风险这一目标。

　　本章内容围绕四个常见难题（欧盟所有成员国或多或少都存在这些难题）展开，其中：第一个是欧盟《洪水指令》的实施；第二个是综合性计划的制订；第三个是河流流域内（相邻地区）；第四个是不同级别执行方之间的协调和合作。

　　第 11 章～第 13 章将介绍更多常见难题和相关的先进操作方法。后 3 章中的先进操作方法大都是洪水发生前，洪灾发生之中和之后采取的措施，但是也有少数操作方法和综合规划协调和合作有关。

　　补充材料内附快速参考图，参考图详细解说每个国家的先进操作方法，还清楚标明和每项先进操作方法对应的洪水风险管理策略，治理内容，以及终极目标。

10.2　怎样实施《洪水指令》？

　　如本书第 2 章所述，所有欧盟成员国必须贯彻实施《洪水指令》。《洪水指令》要求各成员国识别洪水高危地区，绘制洪水风险地图，标明风险类型和水平，并且制定洪水风险管理计划，详细说明将采取哪些措施应对洪水风险。读者如果想要了解和洪水风险评估相关的先进操作方法，请参阅《FLOOD 现场洪水风险评估和管理最佳操作方法指南》（FLOOD 现场，2009）。

洪水多发地区的洪水风险管理计划应于 2015 年 12 月 22 日前完成。该计划必须拟定适当的洪水风险管理目标，其中应包括如下具体信息：降低洪水概率和不良影响，分别达到什么样的水平，将采取什么样的措施，实现这些目标。应考虑的策略包括预防、保护和准备，以及缓解（土地的可持续使用，持水和可控洪水等手段）。这些策略有的能够提高洪水阻抗能力，有的可以提高洪水吸收和恢复能力，它们都以增强抗洪能力为总目标。在选择措施的时候，还应考虑特定河流流域的特征。《洪水指令》给予成员国充分的自由，让它们能够合理选择和各自具体情况相适应的措施。

目标，措施和优先次序研讨会

STAR‐FLOOD 项目合作方成立了《水框架指令》共同实施战略之洪水工作组，还组织了专家研讨会，探讨目标制定、措施选择以及优先次序确定等问题。研讨会于 2013 年 10 月 16 日在布鲁塞尔市召开。

一个重要发现是，目前各国的实际做法多种多样，想要在欧盟范围内提出更多规定性的操作方法，既不可行，又达不到预期目标。另一个发现是，在大多数国家，《洪水指令》起到了如下作用：设定议程，激发执行方就新的洪水风险管理措施展开讨论。研讨会还指出，各成员国起草洪水风险管理计划的进度差别很大；需要开发新的工具，用来（提前）预测并（事后）论证所选措施的影响——是促进还是阻碍了目标的实现。成员国之间必须就上述问题相互交流，争取相互学习，改进未来措施选择程序。有兴趣的读者可以查阅研讨会报告，了解更多具体实例——各个成员国如何设定目标，选择措施，并确定这些措施的优先次序（赫格尔等，2014）。

欧盟《洪水指令》还强调公众的知情权和规划过程参与权，因而提高了洪水风险管理策略的合法性。但是在这一方面，欧盟指令存在一个弱点：它没有就法院申诉权作出相关规定。欧盟指令应和《水框架指令》配合实施，必须特别注意洪水风险管理计划和河流流域管理计划之间的协调，以及洪水风险管理计划和公共参与程序之间的协调。

调查表明，在某些国家（如荷兰），《洪水指令》的影响有限，因为在《洪水指令》出台之前，这些国家已经制订并实施了综合计划，并且存在和洪水指令类似的同期指导性文件，推动综合计划的制订和落实。但是我们发现，在另外一些国家，《洪水指令》对洪水风险管理改革产生了巨大的积极影响。波兰就是具有代表性的例子，但是新思路的贯彻进程才刚刚开始。

在波兰，《洪水指令》《水框架指令》，以及其他欧洲法规已经成为清晰的洪水风险管理和水管理政策参考标准。此外，加入欧盟之后，欧洲基金注入波兰，波兰基础设施投资显著增加。刚开始的时候，欧盟法规还起到了增强决策者环保意识，推广了治水"软"策略的作用。但是，最近波兰政府改组之后，其洪水风险管理策略迅速转向，仍旧以传统的"硬"措施（即基础设施建设）为重点，对环境有所忽视。

《洪水指令》提出的洪水风险管理思路更有战略意义，注重"防患于未然"，而不仅仅是消极应对，临时急救。波兰当时还没有国家洪水策略，一个实用的想法因此产生：复制英国的先进操作方法（采用英国的制度设计等）。但是，在一个环境完全不同的国家照抄英国模式是很难的。1991 年实施的以流域为基础的水管理以及按照欧盟规定绘制的洪水风险图就是例证。

我们建议，其他一些洪水风险管理政策不够完善的国家也应该借欧盟《洪水指令》的东风，把握住转瞬即逝的机会，切实分析洪水风险，制定综合策略，并且边贯彻，边学习。《水框架指令》共同实施战略之洪水工作组所作的交流也许能促进各国间互相学习的风气（马特扎克等，2016）。

10.3 如何制订未来的综合计划？

《洪水指令》呼吁成员国制定综合计划，但是在 STAR - FLOOD 项目国家，我们也发现许多洪水风险管理综合规划实例——它们和《洪水指令》并无直接关系。首先必须明确洪水风险管理目标。可以用如下表达方式描述目标：共同期盼的未来愿景，最低安全标准，风险降低的量化标准。可以提出如下问题：什么是可接受的风险水平？对谁而言？谁负责实现这一安全目标？政府应该保护公民，还是每人都应该自保？

在 STAR - FLOOD 项目六国中，公共主管部门都承担某种职能或责任，他们负责应对洪水风险，保障公民安全。但是，其中还是有很大的差别。荷兰就是个比较极端的例子，在那里，政府负责满足法律规定的严格的洪水防御标准（适用于主要由防洪堤岸保护的大型河流流域和海滨地区）。而在大部分其他国家，公民和企业必须承担更多自我保护的责任。

第 8.4 节和本章引文部分都提到，如何选择策略，并且发展综合治理模式，避免条块分割，这确实是个难题。本节介绍某些先进操作方法，启发读者思考：在综合规划过程中，如何确定策略和措施的优先次序。而在第 11 章，我们还会详细叙述一些先进操作方法，激励读者思考另一个与之相关的问题：如何在"洪水之前"这一阶段，选择效果最好，效率最高的措施？

还有个相关难题则涉及复杂性和不确定性。目前的洪水风险到底多严重？未来会产生什么样的变化？我们无法提供确切的答案。各种不同的措施会产生什么样的影响？这些措施的成本是多少？我们也没有确切的答案。在规划过程中，这些方面的知识至关重要。最终必须考虑的维度就是时间。什么时候应该考虑什么样的措施？适应性管理有助于解决这些难题。

> **适应性管理：一种应对复杂性、不确定性和变化的方法**
>
> 适应性管理是一种应对系统复杂性、不确定性和变化的方法。它承认，目前的知识永远不足以保证未来管理的有效性。因此，在这一理念的指导下，可以把政策视为假设，而政策的实施相当于实验——只有通过实验，才能测试政策的效果。适应性管理要求所有的利益相关方都要经历一个积极学习的过程——从政策实施的结果中得到经验教训，以持续改进管理策略（拉格弗等，2008）（图 10.1）。

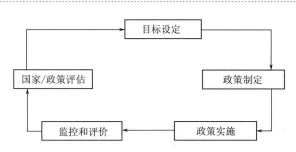

图 10.1　适应性管理循环（来源：帕尔·沃斯特，2007）

　　适应性管理可能有助于选择措施并拟定实施措施的方案，避免过度投资或投资不足。它旨在制定强健而灵活的管理策略，能够应对未来可能出现的困难，而且能在必要的时候接受调整。这就意味着，开始的时候应采取"无悔"措施，但同时做好准备，在万不得已的时候，采取哪些必要性和/或效果不确定的措施。更多相关信息参见《适应性水资源管理指南》。❶

　　下面几个正面例子分别展示，瑞典如何利用气候变化，把洪水风险管理提上政治议程，并且在管理策略中纳入变化因素；法国各地区如何制订它们自己的洪水风险管理计划；荷兰和比利时如何在实践中运用适应性管理这一概念，伦敦如何治理泰晤士河地区，以应对未来的风险。

10.3.1　以气候适应为契机（瑞典）

　　相对而言，瑞典是个人口密度低，洪水风险低的国家——最起码，能够对社会造成严重冲击的洪灾并不多见。尽管瑞典近年来并未发生严重或破坏性强的洪灾，气候变化的威胁唤醒了公众的风险意识。国家以及地方各级主管部门调用资金和其他资源，努力制定可持续性更强，更灵活的洪水风险管理计划。

　　由于预料到气候变化可能会造成不利影响，瑞典开始实施新的强制性国家标准，即在设计住宅和基础设施的时候，应考虑重现期更长的洪水暴发的可能性。英国建筑研究院环境评估方法（BREEAM）认证系统的采用更是起到了推动作用：如果建筑位于易受洪水影响的地区（即不可持续的地点），那就会在评估时得到低分。以绘图的方式展示预测结果，其震撼效果足以影响经济投资决定，并增加瑞典城市规划的可持续性和灵活性（图 10.2）。

　　其他国家可以借鉴瑞典的做法。绘制地方和国家气候变化风险地图，传达有关信息，能够增强公众的风险意识，并引发变化，最终通过洪水预防措施增强社会抗洪能力（埃克等，2016）。

10.3.2　防洪行动计划，采用自下而上的策略，提高抗洪能力（法国）

　　法国防洪行动计划始于 2002 年。这个创新计划的目标是，地方主管部门采用工程（如防洪和蓄洪工程）以及非工程措施（如缓解和准备）相结合的策略，降低洪水风险。

---

❶　适应性水资源指南：http://www.newater.uni-osnabrueck.de/index.php?pid=1052.

图 10.2　在以百年一遇的设计洪水为标准采取预防措施之前，南泰利耶
市的暴雨洪水模拟图（洪水深度在 0～3m 之间）

更具体地说，该计划的目标是实施综合性洪水风险策略，从以下七个方面提高防洪能力。

　　（1）增长知识，提高风险意识。

　　（2）监控，洪水预报。

　　（3）洪水警报和危机管理。

　　（4）在城市化过程中考虑洪水风险。

　　（5）降低资产和人员易损性的行动。

　　（6）蓄洪行动。

　　（7）防护性基础设施的管理。

　　在初始阶段，该计划面向所有地方主管部门（市政、市镇联合体、省、地区和河流流域主管部门），以自愿参与为原则征集项目。该计划成立了"防洪联合委员会"（由国家和地方主管部门以及民间社团代表组成)根据一系列标准检验并审批项目申请书,通过审批的项目就能获得"防洪行动计划"标签。一旦获得标签,这些项目就能申请重大自然风险预防国家基金。这笔基金可以承担 20%～50% 的项目所需投资,实际所占比例由项目运作的性质决定。每个获得标签的项目还能够获得环境部的资助。法国防洪行动计划每年都能得到 3 亿欧元的拨款。

每个法国防洪行动计划下的项目都以其区域的洪水易损性评估为依据。所有项目利益相关方必须参与评估并就评估结果达成一致意见。每个项目都由国家和地方主管部门合作开发,由地方主管部门主导,由来自多条阵线的利益相关方(国家、地方主管部门,企业非政府组织)共同实施。《洪水指令》第一轮实施期间,法国按照要求标出潜在洪水风险严重的地区,防洪行动计划并未覆盖全部的已标识地区,但是将来一旦需要采取防洪措施,都可以使用该计划寻求资金支持。

刚开始的时候,该计划专门用来降低河流洪水风险,但是 2011 年防洪行动计划部分内容更新,适用范围扩大到海洋(浸没)灾害。自 2011 年起,该计划在永久性项目征集框架中开展项目甄选。项目申请书由国家服务部门审查,由防洪联合委员会审批。申请资金少于 300 万欧元的项目可以由另外一个主管部门(流域团结部)完成项目认证。

现在,法国已经实施了 100 个"防洪行动计划"项目,这表明,该计划成功地鼓励执行方按照自下而上的合作程序,采取更多防洪措施。这些新措施实施之后,遏制了洪水多发地区的开发进程,避免原本严重的洪水风险继续恶化(拉鲁等,2016)。

10.3.3   适应性三角洲计划(荷兰)

对气候变化后果的预测本身带有不确定性。为了应对这种不确定性,荷兰的三角洲计划采用了适应性模式。这种基于"无悔"措施的适应性模式能够有效避免过度投资。

三角洲计划框架内的研究已经显示了未来可能通过荷兰境内干流系统的洪峰流量的带宽。三角洲计划中,那些凭借常规空间规划机制受保护的地区已被标识出来。将来,气候变化的影响可能会更加极端,为了确保到时候能够采取措施,特定地区目前不能开展重大开发项目。荷兰东部某地区就是这样的例子,为了能在 2050 年之后按照实际情况的要求成为新增的蓄水区,该地区目前被划为保留地。三角洲计划通过场景分析标识出这一类地区。

佩滕这个海滨小镇也采用适应性规划手段治理洪水。为了强化佩滕镇上现有的海滨防洪措施,决策者必须在两个方案中作出选择:加固现有的混凝土堤坝;使用松散海沙,建设柔性堤坝。决策者选了第二种方案:因为和混凝土堤坝相比,沙坝的灵活性更强。如果海平面上升,可以迅速填充更多海沙,既便宜又方便;如果海平面上升速度较慢,那使用混凝土堤坝就犯了过度投资的错误。灵活"柔软"的堤坝还有另外一个好处:它能创建生态栖息地,为海滨休闲业带来更多商机。这种"与自然共建"的方案——其实海牙市附近的"沙工程"就是知名度更高的案例——逐步在全世界普及,因其灵活性强而受到青睐(考夫曼等,2016)。

10.3.4   西格玛计划,防御和可控洪水(比利时)

斯凯尔特河口地区的洪水防御策略主要由佛兰芒地区政府的西格玛计划决定。西格玛计划旨在一举实现河流的可通达性、洪水保护和自然发展三个目标。根据计算结果，计划完全落实之后，该流域能够应对重现期 1/4000 ～1/1000 的暴风雨——具体设计视位置而定。

该计划包括一整套用来降低洪水风险的措施，如局部堤坝增高（在安特卫普市为 90cm）和"为河流创造空间"。有些地方退田还海，为河流让出更多空间。此外，设置特定的行洪区，即"洪水控制区"——确保对行洪过程的控制。这些措施兼顾洪水保护和河口自然发展。该计划有效利用了现有的空间规划机制。

西格玛计划以 2100 年海平面将上升 0.60m 为依据。这一预测会不会变成现实，谁也无法确定。所以如果必要，在 2050 年之前，西格玛计划就会作出调整（米斯等，2016）。

10.3.5　泰晤士河口的分阶段适应性管理（英国）

在将来，计划地区的环境、气候和社会经济条件都会改变，如何在这些不确定的条件下，确保洪水风险管理持续有效？洪水治理的适应能力至关重要。越来越多的专家提倡：大型洪水防御项目应采用适应性管理模式。这就需要确认触发点，并且采取事先决定的干预手段管理风险，同时保持一定程度的灵活性，根据条件的变化调整应对措施。泰晤士河口 2100 项目就采用了这种分阶段长期规划。

在流域洪水管理规划中，决策者也考虑到未来发展的不确定性，提出距今 50～100 年时限内的战略决策。该决策将近百年的期限划分为三阶段，每个阶段都有各自的主题。

（1）第一个 25 年（2010—2034 年），包括持续养护现有防洪设施，形成新的习惯：关注未来，保障未来发展的空间。

（2）中间 15 年（2035—2049 年），包括许多现有堤岸、墙和小型屏障的加高和修缮。

（3）至 21 世纪末（2050—2100 年），将考虑当时的实际状况以及未来远景，以实时气候预测和期待为依据作出这一阶段决策（图 10.3）。

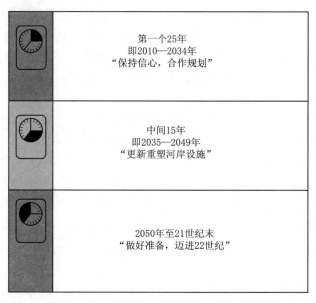

图 10.3　泰晤士 2100 项目的时间范围和主题（环境署，2012）

10.4 如何加强河流流域治理合作？

河流不尊重人为划分的边境，如多瑙河和莱茵河就流经多个国家和地区。有时候，上游流域的洪水管理措施（如防洪工程的建设或是上游持水）会对下游流域的洪水风险产生影响。始发于一个地区的洪水也会影响其他地区。同一河流流域的"邻居"之间可能会因此产生利益冲突，这就需要协调和合作。

在 STAR - FLOOD 项目中，我们发现各种不同的先进操作方法，可以用来推动跨境协调和合作。最鲜明的例子就是瓦隆地区的河流契约；还有一个例子是瑞典和芬兰在哈帕兰达河流域合作实施《洪水指令》（埃克等，2016）。

如果读者想了解更多加强合作，吸引公众参与水管理的方法，我们建议您阅读《欧盟和谐合作计划手册》。❶

10.4.1 瓦隆地区河流契约（比利时）

为了加强子流域范围内的合作，提高社会抗洪能力，瓦隆地区创建河流契约制度。河流契约旨在调解河流，河岸河水资源的不同功能和用途之间的矛盾。这些契约提供地区谈判平台，方便公共和私营执行方共同讨论和项目有关的问题。河流契约努力克服参与洪水风险管理的各主管部门各行其是的弊病，而且促进公民和水管理员之间的交流，是推动社会抗洪能力发展的重要力量。

河流契约具体的作用随流域状况而变化。只有当契约成员就三年行动计划取得一致意见时，才能订立契约。有些情况下，河流契约在洪水管理中起到了非常积极的作用，能做到有备无患。如在谐纳河流域，河流契约组织与当地水管理员合作，根据当地经验，就各项措施的轻重缓急提出建议。

河流契约组织属于非政府、非营利组织，这就保证了他们的独立性和中立性。河流契约组织以当地谈判平台为依托，而该平台由来自市政、省、地区行政管理部门和非政府组织的代表组成。每个河流契约都配备约 3～6 名长期工作人员。河流契约自下而上逐步发展，其初始方案往往由市或省级主管部门提出。利益相关方按照自愿原则加入河流契约。瓦隆地区负责审批河流契约行动计划，并提供资助。除非政府组织外，每个参与合同的利益相关方也提供部分资金。每花费一欧元，瓦隆地区政府就再投入2.33 欧元。

河流契约的组织结构要素有，一年两届的大会，其中有一个负责筹备大会的行政管理委员会、一位项目协调员、数个工作组（为解决具体问题而筹建），还有来自部级单位的技术助理。

我们撰写此书时，在瓦隆地区有 13 个河流契约组织，54 个全职岗位，预算为 260 万欧元。它们覆盖了 92％的瓦隆地区，全地区 262 个市中，有 232 个市参与了河流契约，与河流契约相关的项目共有 8000 个（米斯等，2016）。

---

❶ 欧盟和谐合作计划手册：http：//www. harmonicop. uni−osnabrueck. de/handbook. php.

10.5　如何加强不同级别的政府之间的联系？

多级治理系统的特征是：各种活动或政策周期内的各阶段在不同的空间范围内发生。在典型的集中系统中，策略目标和政策的制定往往由国家级执行方负责，地区级执行方则根据上级的命令实施这些目标和政策。国家级执行方承担领导职能。在多中心或去中心化系统中，地区主管部门为本地区确定策略目标，并根据当地情况制定政策（帕尔·沃斯特等，2013）。荷兰目前的洪水风险管理规划就主要由中央级执行方负责，瑞典则是去中心化系统的典型代表。其原因也显而易见：荷兰洪水风险比瑞典严重得多，那里的重大洪灾可能会影响整个国家。而在瑞典，洪水风险小得多，一次洪灾也往往只造成局部影响。

无论集中系统，去中心化系统，或是介于这两级之间的系统，都各有其优缺点。集中系统往往有更大的（立法）权力和更多资源。而去中心化系统往往能根据当地具体情况制订方案，而且具有更强的适应和调节能力。在去中心化系统中，应该建立有效的协调机制，在自下而上以及自上而下程序之间寻求平衡，这两点非常重要（帕尔·沃斯特等，2013）。在多数参与 STAR–FLOOD 项目的国家中，这样寻求平衡实属不易的事实显而易见。而在瑞典，我们则发现，由于洪水风险日益严重，需要国家级主管部门作出更多协调，提供更多知识和财政支持。但是在荷兰，多德雷赫特（第 5.1 节）和奈梅根（第 11.3.2 节）等城市越来越积极地参与洪水治理，努力制定当地利益相关方愿意接受的解决方案。

10.5.1　多德雷赫特岛内的多级合作（荷兰）

荷兰西南部的多德雷赫特岛洪灾频发。它四周都是大河，又位于潮汐区。一旦洪水来袭，往往又深又急。岛上交通不发达：除了三座桥，两条隧道通往内陆，就只有靠水运往来。所以，疏散条件受到限制。过去岛上主要依靠防洪设施应对洪水风险，而承担防洪责任的，则是国家政府和地区水管理部门。

但是，市政府想到，其他的多级安全措施（防洪工程、防水建筑与灾害管理三结合）可能更能够保护岛屿的安全。多德雷赫特岛可以走抗灾自救的发展道路。岛内易损性最高的地方应该加强保护，其他部分在极端情况下可以行洪，这就意味着，必须得提高岛内疏散的可能性。为了能将岛屿划分成各独立分区，并且保护易损性最高的部分，必须加强地区洪水防御。但是，为了寻求对这一计划的支持，市政府必须说服其他（责任）主管部门改变现有的政策、法律和基金制度。

由于三角洲计划提供了难得的机会，市政府的这个想法得以通过讨论并进入实施阶段。在此计划中，多德雷赫特岛成了多级安全模式试点项目所在地。在集结执行方的过程中，市政府起到了重要的作用。市政府和所有参与项目的利益相关方都保持紧密的联系，而且促进了各方之间的沟通。项目方案还以当地居民的知识和经验为依据。

我们撰写此书的时候，项目前景可期：多德雷赫特岛将因地制宜，按照当地各执行方的期望实施多级安全模式，安全标准和基金制度也会据此作出调整。促成该项目的因素有：积极主动，勇于创新的政策改革家；市政委员会的支持；与不同的研究机构开展联合调查，分析问题并制定策略；与其他不同级别的主管部门以及利益相关方共同策划、调研。其他有志于改革的城市也可以借鉴这种积极的模式，优化洪水风险管理，提高抗洪能力（考夫曼，等）。

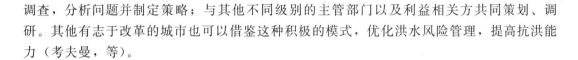

参 考 文 献

Ek K，Goytia S，Pettersson M，Spegel E（2016）Analysing and evaluating flood risk governance in Sweden – adaptation to climate change? STAR – FLOOD Consortium，· Utrecht.

Environment Agency – EA（2012）Thames estuary 2100，Managing Flood risk trough London and the Thames Estuary.

FLOODsite（2009）Flood risk assessment and flood risk management. An introduction and guidance based on experiences and findings of FLOODsite（an EU – funded integrated project）. Deltares | Delft Hydraulics，Delft.

Hegger DLT，van Herten M，Raadgever GT，Adamson M.，Näslund – Landenmark B，Neuhold C（2014）Report of the WG F and STAR – FLOOD workshop on objectives，measures and priori – tisation workshop，deliverable 2，1，final report（version 4），25 April 2014.

Kaufmann M，Van Doorn – Hoekveld WJ，Gilissen HK，Van Rijswick HFMW（2016）Analysing and evaluating flood risk governance in the Netherlands. Drowning in safety? STAR – FLOOD Consortium，Utrecht.

Larrue C，Bruzzone S，Lévy L，Gralepois M，Schellenberger T，Trémorin JB，Fournier M，Manson C，Thuilier T（2016）Analysing and evaluating flood risk governance in France：from state policy to local strategies. STAR – FLOOD consortium，Utrecht.

Matczak P，Lewandowski J，Choryński A，Szwed M，Kundzewicz ZW（2016）Flood risk governance in Poland：looking for strategic planning in a country in transition. STAR – FLOOD Consortium，Utrecht.

Mees H，Suykens C，Beyers JC，Crabbé A，Delvaux B，Deketelaere K（2016）Analysing and evaluating flood risk governance in Belgium. Dealing with flood risks in an urbanised and institutionally complex country. STAR – FLOOD Consortium，Utrecht.

Ministère de l'Écologie，du Développement durable，des Transports et du Logement（2003）Programmes d'action de prévention des inondations（PAPI）.

Pahl – Wostl，C.（2007）. Requirements for adaptive water management. 1 – 22 Pahl – Wostl，C，Kabat P Möltgen J，Adaptive and integrated water management：coping with complexity and uncer – tainty. Springer，Berlin.

Pahl – Wostl C，Becker G，Knieper C，Sendzimir J（2013）How multilevel societal learning processes facilitate transformative change：a comparative case study analysis on flood management. Ecol Soc 18（4）：58.

Raadgever GT，Mostert E，Kranz N，Interwies E，Timmerman JG（2008）Assessing management regimes in transboundary river basins：do they support adaptive management? Ecology and Society 13（1）：14.

第 11 章

洪 水 之 前

汤姆·拉格弗、尼克·布斯特和马蒂金·斯廷斯特拉

从业人员访谈录：

在我们圣皮耶尔德科尔镇，100％的城镇领土都位于洪水多发区，当卢瓦尔河洪水泛滥的时候，镇上就面临溃坝危险。上次洪灾发生，是在 1866 年。20 世纪 90 年代晚期，分析了这类洪灾可能造成的影响之后，我决定和国家服务部门合作，探索出新方法，争取让我们的城镇一边持续发展，一边提高适应洪水风险的能力。这种合作卓有成效：我们制定出一系列的城市和建筑方案，这些方案不仅具有创新性，而且风险低，为洪水多发区内的居民带来福音。我们花了数十年时间实施这些方案。

这个项目堪称"弹性城市化"示范工程。所谓"弹性城市化"，指的是在开发城市过程中，不忘考虑洪水风险因素。这个项目以法国（如雷恩和斯特拉斯堡市）乃至欧洲城市（汉堡和鹿特丹市）提出的几个相对前卫的方案为基础。项目实施过程中，必须谨慎

玛丽·弗朗斯·博菲斯
圣皮耶尔德科尔镇镇长，参议员，
欧洲洪水风险预防中心主任

处理相关的技术、经济和规范问题，才能就如何实现弹性城市化发展达成共识。

洪水多发区内的城市重建或翻新是个十分棘手的问题。它关系到许多执行方的切身利益，而这些执行方表达的观点显然各不相同，有时候貌似还有不可调和的矛盾。有人认为，应该避免在洪水多发区进行工程建设；还有人认为，应该改造现有建筑和基础设施。众说纷纭，公婆有理——在这个复杂的博弈场所中，人们很难形成一致意见。

我们城镇还存在历史遗留问题。目前有 1700 万人在易受洪灾损害的区域内居住。他们或多或少都受防洪基础设施的保护，但是由于这些基础设施缺乏养护，难免存在安全缺口。在许多辖区，法律不仅允许在洪水多发地区开展城市重建，甚至会含蓄地鼓励这种行为。此外，我们还要面对其他难题：当地主管部门的未来局势不明朗，他们将来的管辖权限也有不确定性；预算限制，以及经济和社会危机。

因此，城市重建项目依然是重中之重，其中牵涉的洪水危机问题往往被忽视——洪水威胁若有若无，并非迫在眉睫。我们无法从"建"还是"不建"中选择，只能就如何在洪水多发区重建城市这一问题达成一致意见。我们必须兼容并包，在不同模式中追求和谐和平衡。一旦做到这一点，我们也就把握住了关键矛盾，能够有效贯彻欧洲《洪水指令》和国家洪水风险管理策略。如名为"面临洪水风险，改变城市领土"的国家项目就朝着光明的未来迈出了坚实的步伐。法国环境部掀起的"城市规划、住宅和自然以及风险预防"活动为项目管理指明了大方向，项目实施的过程中，汲取了来自多个地方试点项目的先进思想和经验。

11.1 常见难题

一旦通过建模或凭历史经验（之前发生过洪灾）确认了洪水风险，执行方就可以采取各种措施，为将来可能发生的洪水做好准备。本书第 2 章曾介绍过，在"洪水之前"这一阶段，可以采取如下三种方式，降低洪水风险：让人远离洪水多发区；利用防洪基础设施，减小遭受洪水侵袭的区域面积；采用蓄水措施，或利用防水建筑和基础设施，降低洪水严重程度，以缓解风险（图 11.1）。

图 11.1　圣皮耶尔德科尔镇上的洪水适应性通道

以上三种策略之间存在联系。如果能充分预防洪水（不在受洪水影响的地方居住），那就无需建设防洪工程，或采取缓解措施。但是，大多数国家空间不足，人们不愿意放弃丰腴肥沃的临水土地。事实上，由于社会和经济压力巨大，人们必须在洪水多发地区工作，生活。更有甚者，由于气候变化，更多地区面临洪水风险。而洪水防御和缓解策略之间也有关系。由于过去大量投资，兴建防洪工程，所以从成本效益这一角度看，大多数缓解措施根本没有可行性。比如，在高筑堤坝的荷兰，情况就是如此。如果有人居住在特别低洼的人造陆地上，一旦堤坝失守，就会没入 5m 深的洪水之中，那采取任何建筑防水措施也毫无意义。但是如果预计洪水流量较小（如住宅水深 0.5m），那么和修筑堤坝相比，采取缓解措施反而是效率更高的策略。

在比较 STAR - FLOOD 项目六国治水策略时，我们发现了一些常见的困难和问题，本章内容围绕这些难题展开：如何防御洪水？如何为水保留足够的空间？如何将洪水风险因素纳入空间规划？如何确保资金充足，能够采取实际措施？如何确定措施的优先次序？如何提高公民的风险意识，鼓励他们采取行动？

第 10 章探讨了和综合规划、合作以及协调相关的常见难题以及与之对应的先进操作方法，第 12 章和第 13 章则分别介绍了洪灾之中和之后的常见难题以及与之对应的先进操作方法。如果读者感兴趣，可以对照阅读。

补充材料内附快速参考图，参考图详细解说每个国家的先进操作方法，还清楚标明和每项先进操作方法对应的洪水风险管理策略，治理内容，以及终极目标。

11.2 如何防御洪水？

洪水防御措施能够增加洪水阻抗能力，降低洪水发生的概率，因此是用来实现最终目标（提高抗洪能力）的策略之一。在参与 STAR - FLOOD 项目的国家中，大部分都有完备的防洪设施。

应建立强大的知识库，为防洪工程设计"防水"系统。我们需要了解极端情况下水力状态相关的最新知识、与堤岸以及堤下土壤相关的岩土工程知识，以及与工程构造物（比如堰坝）相关的知识。我们还需要了解防御系统的整体状况，因为系统强度由其中最薄弱的环节决定。临时防洪工程或可关闭堰坝往往构成系统中最薄弱的环节，所以应予以特别关注。尽管这些临时防御设施灵活性强，但是在安装和操作的过程中，出现人为或技术失误的风险很高。

防水工程的设计寿命一般在 50～100 年之间。根据设计，它们不仅要承受当前的极端情况，而且要抵挡未来可能出现的情况。按照要求，新建基础设施往往投资巨大，所以利益相关方必须就其（现在和未来的）必要性和功能达成一致意见。第 10.3 节介绍了制定未来的综合计划理念，读者可以借鉴这些理念，实现智能化设计，制订灵活的投资计划。

参与 STAR - FLOOD 项目的国家（确切地说，是除了荷兰之外所有国家）必须反复应对的另一个难题是资源不足——没有足够资金建设防洪基础设施。2009 全球经济衰退显然令这一问题更加严重。财政资源匮乏，防洪工程的养护首当其冲。据比利时、英国、法国和波兰业内人士报告，洪水防御资金不足。这可能会对防洪工程带来非常严重的影响，以至于无法保持应有的防护水平。

在波兰和荷兰，洪水防御策略占据绝对主导地位。由于荷兰总面积的60％都可能被大型河流和海洋淹没，所以那里洪水风险非常高。因此，荷兰有完备的永久性洪水防御基础设施。瑞典和英国采用临时性洪水防御系统，仅仅在预计会发洪水的时候安装使用。下面我们详细介绍两种极端的操作方法：荷兰的精密洪水防御系统和瑞典的临时性洪水防御系统形成鲜明对照，因为后者会使用一些临时性防御措施，这些措施又和灾害管理相关。

11.2.1　精密的洪水防御（荷兰）

荷兰是各地势低洼的三角洲国家，在一千多年时间里，一直依靠堤坝系统防御洪水的侵袭。无论是防洪系统的管理，还是通过堤坝实现洪水保护，都已经高度制度化。荷兰的洪水防御模式具有责任分配明确、标准规范清晰、资金有保障的特征。

11.2.1.1　洪水防御

荷兰《水法案》有个重要目标，防止洪水和内涝发生，并在必要情况下，限制洪水和内涝。按照荷兰法律，防洪构筑物被分为两种，即主要和次要（或称地区级或次级）防洪构筑物。国家以法律形式，确定了受主要防洪构筑物保护地区的安全标准；而省级地方法规就大部分地区级防洪构筑物的安全标准作出明确规定。相应的水务主管部门（大多为地区级）掌握特定的机制，他们必须利用这些机制尽力执行这些标准。他们可以加固或搬迁堤坝，并划定保护区。

在水安全计划（近期出台的三角洲计划的一部分）之内，相关专家正在更新主要防洪构筑物的合法安全标准。新标准可能以在特定方位致人溺亡的最高洪水风险、团体风险、可能的经济损害等内容为依据。

11.2.1.2　标准—测试—强化

在执行标准的过程中，主管部门具有很大的政策裁量权。他们必须定期向监督单位，即基础设施和环境部长和省级行政人员报告防御系统的实际状况。他们的报告必须以预先设定的水力条件和技术准则为依据。监督部门可以发布指示，责令主管部门履行其水安全管理责任，这种指示具有法律约束力。但是，这种上级对下级的指导往往具有政治意义，以战略规划的形式出现，一般不会牵涉到具体的防洪措施。

11.2.1.3　效率和知识库

负责落实洪水防御策略体系的国家和地区水务管理部门是高度专业的组织，拥有强大的知识库。因此，结构性措施得以有效实施，充分维护；洪水防御模式能随时调整，不断改进。荷兰还开发并出口创新技术。他们越来越多地运用成本效益分析，成本分摊约定和以效率为基础的程序等手段，以最经济有效的方式，保证法定的保护水平。

11.2.1.4　利用税收筹集资金

防洪设施所需资金主要来自国家和地区税收。地区级水务主管部门有自己的税务系统，他们有权增加税收以履行义务。他们是一种行业性组织，其董事会经选举产生，但是作为行业性组织，他们相对独立，不易被风云变幻的政治局势左右。

毋庸置疑的，在荷兰，这种高度制度化的洪水防御策略体系非常重要，毕竟大部分的国内生产总值来自易受洪灾影响的地区。数个世纪以来，以民主方式组织的地区水务主管部门自然而然地发展为独立的民主机构，拥有自己的税务系统，这种存在具有合理性——荷兰高度依赖洪水防御系统。荷兰防洪体系的标准—测试—强化制度可供其他采用洪水防御策略的国家借鉴，效仿（考夫曼等，2016）。

11.2.2　临时性洪水防御（瑞典）

在瑞典，洪灾不会定期发生，也较难预测。洪灾往往仅有局部影响，每次受灾人数也较少。因此，广大居民、决策者和政客往往不会将应对洪灾视为紧急要务。在多数地方，建设永久性防洪设施的代价太大，资金问题难以解决。兴建永久性防水设施还往往和审美以及经济价值相冲突：人们喜欢在水滨居住，享受水景。所以滨水物业价格更高。兴建防洪设施可能破坏水上风景，拉低房价。

可以采用的临时防御措施有：可拆卸防洪设施和沙袋，堵塞雨水管（改变水的流向）和泵吸。可拆卸防洪设施统一储存在克里斯蒂娜港内的瑞典应急署。这些防洪设施由瑞典国家政府出资购买，由于仅购买一次，就能供国内 290 个市使用，所以投资效率高。应急署的相关人员随时待命，而且和瑞典气象和水文研究所密切合作。当发生强降水（数小时内 80～100mm）的时候根本没有时间为可能发生的暴雨洪涝做准备，只有事先通过空间规划尽量降低这种风险。但是当河流流量过大，引发洪灾时，会有更多时间采取行动，可拆卸防洪设施也就派上了用场。在瑞典，仅有三座城市（其洪水风险较高）采用或打算采用永久性防洪设施（克里斯蒂安斯塔德和阿尔维卡两地有永久性防洪设施，哥德堡的防洪工程正处于规划阶段）。

欧洲人口稀少，洪灾后果轻微，或是洪灾发生的概率较低的地区，都可以采用临时防洪措施。为了确保这一策略有效，必须满足一个先决条件：必须有完善的洪水警报系统，在洪灾来临之际，有足够的时间安装这些防洪设施（埃克等，2016）。

11.3　如何为水保留足够的空间？

在欧洲，人类活动占用了越来越多的土地，这对洪水风险也造成了影响。森林砍伐以及农业用地导致排水速度加快。城市化进程中，硬化表面增加，同样会加快排水速度。因此，极端降雨导致河流的峰值流量增加，形成更多的暴雨洪涝和闪洪。同时，许多河流的方向也因人为因素而改变：它们的流量剖面受到堤防和丁坝的限制，它们原来的洪泛区被用于城市开发或其他开发项目。因此，和自然状态下相比，河流能够容纳的水量变小。

STAR - FLOOD 项目结果指出，六国或多或少都面临这样的难题：如何逆转上述人为因素对河流的影响，为水创造更多空间，而不是夺走水的空间。在第 11.4 节，介绍几个限制洪泛区以及洪水多发区内开发活动的案例。下文我们将详细介绍英国的可持续城市排水系统——这是当地主管部门用来蓄水并降低径流速度的措施。比利时、法国和荷兰也采用了这样的措施。为水保留更多空间的例子则是荷兰的"为河流创造空间"计划。

11.3.1　可持续城市排水系统（英国）

在市区，由于极端降雨以及城市硬化地面上的径流，可能会发生闪洪。这种类型的洪水很难预测，而且它的影响也很难得到缓解。英国采用可持续城市排水系统，在发生强降雨的时候暂时增加储水量，并且让水有机会缓慢渗入土壤之中。可持续排水系统连通硬化表面和地下土层,并以这种方式排出城市硬化表面的水,并且防止城区洪水泛滥。

自 2015 年 4 月起,可持续城市排水正式成为现有规划系统中的补充措施,新的开发项目必须考虑这种规划方式。开发商必须根据当地洪水风险、开发地点和类型,设立最合适的维护机制(食品、环境和农村事务部,2014a)。《国家规划政策框架修订稿》规定,当地规划主管部门必须保证,10 个或以上物业的开发必须考虑可持续城市排水系统这一备选方案,并且必须咨询先导当地洪水主管部门——这是开发商的法定责任。

在某些城市,出现了所谓的"当地冠军"——他们是在市区努力推广可持续排水系统的个人。但是,可持续排水系统的推广也遇上了不少障碍:主管部门觉得其他方案更有效;又或者,风险管理主管部门积极主动,但是国家指导意见却迟迟没有出台等。我们应该克服这些障碍,改造可持续排水系统,扩大其使用范围——这样的策略将是目前地方化策略的有效补充(亚历山大等,2016)。

11.3.2　为奈梅根—兰特河创造空间(荷兰)

在荷兰,传统的洪水防御模式采用堤坝保护坝下地区。如果需要提高安全系数,那就增高坝体。如今,荷兰在全国范围内试行水资源综合管理模式,开发出新的解决方案:为河流创造空间,以此应对不断增高的峰值流量。所谓创造空间,就是采取各种措施(比如把让堤坝离河流更远,挖低河滩,移除障碍)扩展河滩。

以兰特河的治理为例,奈梅根市负责"为河流创造空间"项目,充分发挥创造性,志在实现双重目标:其一是力保安全;其二是建设一个新的市行政区。项目具体内容包括让堤坝离河流更远,开挖新的洪水渠,在河内造一个小岛等。

兰特河项目并未体现出洪水管理策略的变化,因为它的目的依然是"让水远离人",但是变化之处在于:它提出了一个全新的综合方案——将水管理和空间规划结合在一起。这种措施的变化和治理模式的变化息息相关——从以部门为基础的治理变为综合治理。

国家级主管部门作出决策:制订"为河流创造空间"计划并明确该计划的目标(在每个规定的地点,应该将水平面降低到什么程度)。刚开始的时候,这个计划与奈梅根市当地的几项计划存在冲突之处。但是,国家鼓励地区和地方主管部门开动脑筋,拿出综合方案,既能为兰特河开创空间,又能兼顾地方(空间)开发计划。经过多次谈判,奈梅根市采纳了这一创新模式,并制订出真正的综合性计划。

目前有许多地方,既有可用空间,又将现有堤坝将河流和部分河滩隔开,这些地方都可以尝试"为河流创造空间"这种新举措。而在城市地区,在优化洪水风险管理的过程中,还必须兼顾许多其他目标,在这种情况下,综合性项目是颇具优势的解决方案,而兰特案例显然具有很高的借鉴价值。市政府往往能够综合考虑各方利益,所以能在这样的项目中发挥重大作用(考夫曼等,2016)。

11.4　如何将洪水风险因素纳入空间规划?

无论防洪设施多么完美,在极端条件下都会发生事故。所以,还应该增强洪水吸收能力:即使洪灾发生,也应该尽量降低它对财产和生命造成的损害。在空间规划领域,可以利用多项机制,缓解洪灾损害。但是,洪水多发地区内,经济开发能够创造效益,而洪水风险最小化也能实现效益，这两者之间往往存在冲突。而在那些洪水多发区面积很大的国家，这种冲突就更严重。在空间规划领域，所有利益冲突得到了集中反映。在洪水风险管理圈内，业内人士常常会抱怨：在洪水多发区，原本不应该允许开发商大兴土木。但是到底哪些开发项目能够被公众接受，哪些又不能呢？这其实是社会或政治选择，并不仅仅是个技术问题。

空间规划手段可以分为两类：一类是禁止在洪水多发区从事开发活动；另一类则是采用防水建筑，创造有利的规划条件，尽量减少洪水可能造成的损害。

法国空间规划政策特别强大——通过分区，禁止在风险最高的地区从事开发活动。比利时、英国和瑞典的空间规划政策旨在引导开发商避开风险最高的地区，但是在特定情况下会网开一面（如低风险土地匮乏）。在比利时和荷兰，水管理员参与空间规划，审核新的开发活动可能对水和洪水管理造成的影响，并提出建议。保险制度也可以用来抑制洪水多发区内的开发活动——如对洪水多发地区的物业收取高额保费（第 13.2 节）。

许多国家都制定了旨在避免或降低洪水风险的空间规划规则，但是有个问题反复出现：这些规则的执行力不足。为解决这一问题，可能需要形成一种多方制衡的制度。

下文将介绍三个优秀案例，它们分别是佛兰德斯地区的水评估和信号区制度，瑞士的建筑和许可证制度，以及法国尼斯市空间规划和洪水风险之间的联系。

11.4.1　利用空间规划工具，减少未来损失（比利时佛兰德斯地区）

随着城市化进程的深入，不透水的硬化地表面积增加，地表渗水保水性降低。因此，洪水发生的概率以及洪灾数量增加，这会给居民财产造成更大的损失。为了减少未来损失，佛兰德斯地区采用两种工具影响空间规划程序：水评估和信号区制度。这类制度旨在解决"与水争地"和"不透水性增加"这两大问题。佛兰德斯地区政府希望，能凭借这些手段，避免潜在的洪水风险进一步恶化。

水评估工具，是指主管部门有义务征求水管理员的意见，了解开发许可，计划或项目对水系统的影响（该法规适用于所有建筑许可证的颁发）。水管理员的意见不具有法律约束力，但是如果最终的开发许可、计划或项目未采纳这些意见，主管部门必须解释原因。有效利用这一工具，可以防止开发活动进一步挤占宝贵的保水空间（有些地方必须能够蓄水，才能避免洪水风险），破坏地表的渗透能力。水管理员的意见增强了规划主管部门的风险意识，让主管部门进一步了解到开发规划对洪水风险的影响。

通过控制未开发土地上的开发活动，佛兰芒地区政府旨在避免潜在风险的实质性增长。所谓"信号区"，则大部分是洪水多发区内已经获得许可的建筑场地（如住宅区）。可能对信号区采取的措施包括：在现有场地内采用创新性防水手段，或是变更场地，并采用辅助措施。相关规定参见 2015 年 5 月 19 日的 LNE/2015/2 号通函。

信号区和水评估制度之间存在联系，第 11.7.2 节还将介绍与之相关的告知责任。这两种手段协调一致，对洪水多发区内的开发活动施加影响。它们解决了一个历史问题：佛兰芒地区在空间规划过程中，忽视了水管理问题。按照这两个规定，规划人员和政府机构有义务更加关注水管理问题。其他国家可以采用类似手段，禁止或控制洪水多发区内的开发活动（米斯等，2016）。

11.4.2　施工和许可（瑞典）

瑞典水组织发布的 2016 年新版《国家方针》规定，新的城市开发地点必须满足这样

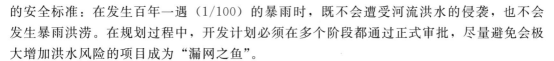

的安全标准：在发生百年一遇（1/100）的暴雨时，既不会遭受河流洪水的侵袭，也不会发生暴雨洪涝。在规划过程中，开发计划必须在多个阶段都通过正式审批，尽量避免会极大增加洪水风险的项目成为"漏网之鱼"。

市政主管部门能全面掌握当地情况，他们负责发放建筑许可证，也可以对特定地区的建筑提出限制条件。市政主管部门还负责作出详细的地区规划，必须评估暴雨洪涝和河流洪水风险。此外，县级行政管理委员会对市政主管部门起到重要的制衡作用。如果县级行政管理委员会不同意市政主管部门的决定，认为建筑施工会增加洪水风险，市政主管部门不应该发放许可证，那么他们能够以此为理由，终止详细施工计划（埃克等，2016）。

11.4.3 从监管方到互动开发的合作方（法国尼斯市）

自从 20 世纪 80 年代末法国环境部的风险预防司成立以来，风险预防一直是国家主导下的独立（而多维）的行动领域。它是更广阔的规划文化中的一部分，而它遵循的指导原则是，对风险地区内的施工加以严格限制。

在法国，市政主管部门也起到重要作用，因为他们负责土地规划和建筑许可证的发放。但是有一点值得注意：为了贯彻法律独立性原则，两个部门分别负责风险政策和城市规划政策的实施。所以，两个独立的公共主管部门分别采用两个主要的规划工具实施管理，即风险预防计划和城市规划政策。国家编制洪水风险预防计划，就洪水多发区内的空间规划和施工提出普遍规则。国家提出洪水风险管理的愿景，设定相关目标，并要求地方主管部门接受这个愿景，实现这些目标。国家采取的方法有禁止施工，或是对施工加以限制或规范，如施工方必须采用防水建筑等。如此一来，地方主管部门必须在制定用地计划时，考虑洪水风险因素。

尼斯市案例展示出，法国的洪水预防策略部署经历了逐渐进步，发展的过程，地方参与度越来越高，严格的洪水法律变得宽松，也为地方开发创造出更多机会。国家主导模式和框架日渐式微。15 年来，国家和地方主管部门之间的关系也逐步演变。

1999 年，尼斯市发布了首个洪水分区计划的提案，提出许多非常严苛的规定。2013 年，该计划才正式通过审批，分区规范也变得更加灵活。2008 年，为了推动生态谷项目，法国掀起"国家利益行动"❶——该行动特定的法律框架为演变进程提供了规则条件。当总体规划出台后，国家和地方主管部门以总体规划为纲，控制地方土地使用计划。总体规划旨在启动四个主要项目（一个商务中心和多式联运枢纽，一个技术呼叫中心，一个食物和园艺平台，还有一个生态区）。

除了洪水风险预防计划，其他各种机制也在尼斯市洪水管理和空间规划中起到了一定作用，同时吸引更多的利益相关方参与其中。其中，公共开发组织就是具有代表性的运行机构，它联合各方力量，旗帜鲜明地支持开发项目。公共开发组织召集各类公共和私营合作方，共同实施生态谷项目。

2012 年，公共开发组织为考证商务中心和多式联运枢纽项目的可行性，对预定项目场地大竞技场片区开展详细调研——人称 SCHAE 调研。调研结果表明，其实存在这样的

---

❶ 如果项目涉及国家利益，国家会授予"国家利益行动"地位。

一种可能性：在不提高大竞技场片区以及周边地区的风险水平的情况下，完成项目建设。这标志着法国的风险预防计划发生了重大改变：限制性的洪水法律变得宽松。

同时，法国相继实施了两个洪水预防行动计划（PAPI 12009—2014 和 PAPI22012—2018，第10.3.2节），其主要目的是确保重大保护工程资金到位。根据这两个计划，一批堤坝项目正式上马，增加了上述开发项目的可行性。

如今，这一轮演变进入尾声，国家的角色发生了转变：以前负责监管，控制，如今积极参与，试图通过各方的利益博弈，兼顾开发和洪水预防目标。尽管参与博弈的主管部门有不同的利益诉求，但是通过对话，他们试图找到答案：在洪水多发地区，以不增加洪水风险为前提，还有可能建设哪些开发项目（拉鲁等，2016）。

从业人员访谈录：

丽贝卡在阿讷比市政府工作，是一名环保督察。阿讷比是瑞典南部的一个自治市，面积不大，居民也只有6525人。所以丽贝卡在工作时，必须面面俱到，从检查危害环境的活动到洪水管理，都在她职责范围之内。丽贝卡主要任务是执行监督并行使相关权力，确保企业和个人遵守国家环保法律。最近几年，丽贝卡积极投身SANT洪水行动网络，这个网络是由瑞典南部斯莫兰省内多个市政府组成的合作组织。

SANT网络致力于绘制斯瓦尔塔河上游城市索姆、阿讷比、奈舍和特拉诺斯的洪水风险图。当这些城市发现，瑞典政府不会为斯瓦尔塔河绘制洪水风险图——因为国家政府必须优先处理流经大型社区和城市的大小河流的洪水风险，合作成立了SANT网络。毕竟小城市无法独立承担洪水绘图费用。尽管小城市人口不多，但是

丽贝卡·恩罗思
阿讷比市政府环保督察

作为市政府公务员，我们对自己的公民也应该负责任，从这一点看，我们这些小城市和那些纳税人群更多，与面积更大的城市并没有什么区别。2007年，我们地区就发生了50年一遇的洪灾。洪水泛滥也发生过多次，受影响最大的就是道路路堤。

当我们刚刚开始工作的时候，就得面对一个典型的难题：对每个像我们这样的小城市而言，仅凭自己的力量，既无法完成绘图工作，也没有足够财力支持这个项目。此外，洪水图覆盖的面积越大，质量就越高。因此，我们有强烈的合作愿望。我们还希望不能漏掉任何重要的地理区域，这个洪水图能让更多的人受益。为了和尽可能多的利益相关方保持联系，我们邀请他们参加了4次会议，交换与气候变化相关的信息。这4次会议是我们和斯瓦尔塔河的水务委员会共同举办的，我们向与会人员传达我们的绘图计划，并且邀请相关各方参与这一过程。就在这样的简报结束之后，兰斯夫塞利格保险公司表示，愿意资助洪水绘图项目。

据我所知，保险公司资助洪水绘图项目，在瑞典还是第一次。但是，长期以来兰斯夫塞利格、延雪平屡次资助市政府处理类似事宜，如在情况紧急的时候，提供所需

物资。

兰斯夫塞利格乐意捐助的另一个原因是，投保人是兰斯夫塞利格公司的所有者，所以公司觉得，如果投保人了解洪水风险事实，他们就会有更强的自我保护意识。

由于洪水制图项目是市政总体规划的一部分，洪水风险被纳入政治议程，更多的人开始关注这一问题。前期工作提供了良好的基础，现在我们可以考察用来减轻洪水后果的措施，还可以针对不同的洪水场景，制订危机管理计划。瑞典的传统是，即使为洪水风险高的地区内的物业投保，也不需要支付更高的保险费。保险公司为洪水制图项目投资约 250000 欧元，一是为了尽量降低未来的损失，二是为避免未来和保费定价相关的风险。

11.5 如何确保资金充足，能够采取实际措施？

防洪设施，持水以及防水建筑的成本可能会很高。因此，在 STAR - FLOOD 项目的国家中，都有业内人士声称，财政资源不足是阻碍洪水风险管理顺利实施的因素。洪水防御措施更是需要大量投资。六国之中，有各种各样的执行方为防洪措施提供财政资源。其中：荷兰的公共主管部门通过征税为防洪措施提供资金；英国的私营方也会资助防洪工程；法国的巴尼尔基金用额外保险的部分保险费投资防洪措施（第 13.2.3 节）；波兰依靠世界银行或是欧盟投资以及公共基金解决防洪工程资金问题。

11.5.1 由公共税收提供资金（荷兰）

荷兰的洪水防御模式具有责任分配明确、标准规范清晰、资金有保障等特征。在荷兰，洪水风险管理在很大程度上属于公共事务，根据团结原则，资金主要由公众分担。

公民向国家缴纳一般性税种，向地区水务主管部门缴纳水管理税。后者具有一定程度的风险依赖性，因为水务主管部门在风险增加的时候，可能会提高税金。根据《水法案》（第 7 章）规定，主要防洪工程由三角洲基金提供资金。特定项目的资金来自国家基金（50%），地区水务主管部门联盟（40%），以及负责实施项目的特定水务主管部门（10%）。所有各方都有动力尽量节约总成本。

由于三角洲基金解决了主要防洪工程的资金问题，地区水务主管部门又有权征收税款，所以荷兰的洪水防御策略相对独立，不易被风云变幻的政治局势左右。居住在堤坝保护区之外的公民未加入团结协议，除基本的应急管理之外，他们无法接受任何保护或赔偿。

荷兰的地区水务主管部门能够自行征税，这种制度是荷兰历史发展的必然结果，究其原因，就是荷兰高度依赖堤坝保障安全。地区水务主管部门一直都是独立的民主机构。其他以洪水防御策略为主导的地方可以学习荷兰经验，建立责任分配明确，标准规范清晰，资金有保障的洪水防御系统。

11.5.2 合作基金（英国）

英国政府制定了相关政策，旨在推动洪水风险管理资金来源多样化，合作基金项目应运而生。该项目获得一个 6 年投资计划支持。该投资计划为项目扶持基金提出中期规划目标，而且加快了合作基金拨款和筹集额外资金的进程。该投资计划共拨款 23 亿英镑，分别投向 1400 个洪水防御方案，预计这些方案将为 300000 处物业提供更安全的保护，并会在 2021 年前将目前洪水风险水平降低 5％（英国财政部，2014；英国环境、食品和农村事务部，2014b）。该投资计划力争为成果买单，换言之，那些获得效益的人应该承担更多成本——这反映了受益者支付的原则。应根据单个项目或洪水风险措施的范围，由国家、市场和民间团体执行方分摊成本。

2012 年合作基金项目正式营运，旨在落实更多的洪水防御和缓解方案。过去的基金制度向优先项目倾斜，而合作基金项目采用了新的模式，确保更多的项目有申请基金的资格（以成本效益比为标准），这是洪水风险资金制度的重大变革。先导地方洪水主管部门则负责采取具体行动，他们能够分配资金，并且使用备用资金填补缺口。

通过合作基金项目，单个洪水防御方案可以多方筹措资金。如雀巢公司就为德比郡的多佛河下游洪水缓解方案注资 165 万英镑❶。这个拟建项目的基地靠近塔特伯里镇，而雀巢有家工厂正好在这个镇上（英国环境、食品和农村事务部，2014b）。总体而言，2011 年 4 月至 2015 年 3 月，估计有 25％的资金来自私营产业（英国国家审计局，2014）。威勒比和德林汉姆镇的洪水缓解方案也从多处获得资金：来自环境、食品和农村事务部，由国家管理的项目扶持基金；来自约克郡地区洪水和海岸委员会的地方税费；以及欧洲地区发展基金。

合作基金制度有光明的前景：能为更多项目提供资金，而且能吸引更多政府和社区参与决策过程。但是为了成功实施这些项目，还是必须得在地区范围内获得额外收入。有些项目获得了成功，但是有些项目依然处于瓶颈阶段——它们得想办法吸引地方公共和私营部门投资（亚历山大等，2016）。

11.6　如何确定措施的优先次序？

由于用于洪水风险管理的资金以及其他资源十分有限，执行方必须明确策略和措施的优先次序。用来比较措施的常见方法有两种：多准则分析和成本效益分析。两种方法都会比较拟用措施的成本，积极影响和消极影响。实际运用中，多准则分析往往是种定性方法，成本效益分析则是定量方法——以货币为单位表示所有的成本和效益。

每一种方法都有其优缺点，如成本效益分析过程中，分析人员以货币为单位表示可能的生命损失，以及拟用措施对经济、文化或历史价值的消极影响，这往往会引发（与伦理相关的）争议。而且，采用这种分析方法也很难估计洪水的间接损害。多准则分析同样面对质疑：评估过程中，如何确定各种因素的相对权重。无论采用什么样的方法，都应该先回答这样的问题：是直接根据评估结果作出决策，还是仅仅将评估结果作为进一步讨论和决策的依据？

---

❶　雀巢资助多佛河洪水方案 http：//www. nestle. co. uk/media/pressreleases/ work - begins - on - river -dove - flood - scheme.

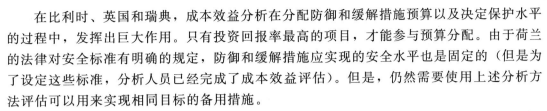

在比利时、英国和瑞典，成本效益分析在分配防御和缓解措施预算以及决定保护水平的过程中，发挥出巨大作用。只有投资回报率最高的项目，才能参与预算分配。由于荷兰的法律对安全标准有明确的规定，防御和缓解措施应实现的安全水平也是固定的（但是为了设定这些标准，分析人员已经完成了成本效益评估）。但是，仍然需要使用上述分析方法评估可以用来实现相同目标的备用措施。

11.6.1 成本效益分析和全生命周期成本核算（英国）

尽管英国没有固定的保护标准，但是在治理过程中，效率原则根深蒂固。无论是洪水防御和缓解措施资金的分配还是由此决定的全国范围内的洪水保护标准，都深受效率原则的影响。国家政策鼓励决策者采取多样化综合措施，其中包括能实现直接和间接效益的措施，如洪水警报就是一种"赋能"活动，能够产生间接效益（参见环境署列出的效益评估框架）。

为了确定洪水和海岸侵蚀风险管理拨款的分配方案，决策者采用成本效益分析方法，确保投资效益最大化。还是让数据来说话：根据国家审计局提供的数据，2014 年之前，作为决策依据的成本效益比是 1∶8，换言之，政府每花费 1 英镑（1.35 欧元）就能实现 8 英镑（10.8 欧元）的效益；到 2014 年 3 月，环境署已经实现了 1∶9.5 的成本效益比。效益值由如下各项决定：房主效益；企业效益，农业生产率，国家和地方基础设施的保护；环境效益。人们普遍认为，这种稳健的分析方法适用于资金分配决策。

在评估过程中，分析人员还根据全生命周期成本核算的结果，选择成本效率最高的方法：考虑备用方案的效益，日常养护和固定资产重置，改善资产寿命等因素（英国环境、食品和农村事务部，2014b）。分析人员还可以使用一系列辅助性评估工具，比如《多颜色手册》（彭宁·罗塞尔等，2013）和《洪水和海岸侵蚀风险管理评估指南》（环境署，2010）。

国家投资计划提出中期规划目标，也为风险管理主管部门提供了机会：他们将项目打包处理，从供应商那里争取最优惠价格（财政部，2014）。据估计，通过提高效率，大约能节约预算的 10%，这笔资金又可以再次注入洪水防御和缓解项目（英国环境、食品和农村事务部，2014b），因而提供正面反馈，鼓励执行方再接再厉，努力提高洪水阻抗能力（亚历山大等，2016）。

11.6.2 洪水风险管理计划的成本风险分析（比利时佛兰德斯地区）

为了提高经济效率，促进社会公平，佛兰芒地区政府坚持使用成本效益分析方法。在计算分析过程中，决策者努力寻找社会最优资源配置方案，意在提高洪水治理的效率和合法性。

佛兰德斯地区政府在制订西格玛计划（第 10.3.4 节）和洪水风险管理计划过程中使用了成本分析法。西格玛计划设计阶段，由于采用了成本分析法，决策者考虑了每个位置的多个备选方案，并以此为依据，选择了最理想，最具可行性的解决方案。

尽管成本效益分析是个常用方法，但是它的透明度有时候并不高。地方政府指出，这个方法把复杂的问题简单化，所以不应该把成本效益分析结果奉为圭臬。地方政府强调，使用成本效益分析的时候，只能把它当作辅助工具，而不是决策标准。这样一来，成本效益分析能够为主管部门提供有效信息，但是主管部门始终必须履行决策责任，一旦出现差错，还要追究主管部门的责任。此外，成本效益分析不应该阻碍公民参与决策。参与型成本效益分析实例参见 BASE 项目❶（米斯等，2016）。

11.7 如何提高公民的风险意识，鼓励他们采取行动？

在 STAR-FLOOD 项目六国中，政府参与洪水风险管理的程度差别很大。但是，调查显示，六国都努力提高个体公民和公司的风险意识。为什么需要提高风险意识？为了鼓励公民和公司采取行动，实现如下目标：①（限制洪水多发区内的新兴开发活动，或是采取适应性开发策略）避免风险恶化，甚至降低风险；②（为洪水防御策略作贡献）加强洪水阻抗能力；③（通过持水和/或防水措施）加强洪水吸收能力。此外，洪灾之中需要进行灾害管理，洪灾之后社会需要恢复，在这些活动中，公众意识和参与积极性都十分重要。

《洪水指令》规定，所有欧盟成员国都有义务标识洪水风险区，并完成洪水风险图。这些图可供公众查阅。即便如此，要以恰当的方式向洪水多发区的所有居民传达风险信息，还是很不容易。总之，只有当公民和私营企业定期遭遇洪灾的时候，他们的风险意识才会加强，参与度也会更高。如果公民和私营企业有可能自主采取防洪措施，而政府又积极沟通，提出相关建议，那么他们的洪水意识也会更强，也更愿意采取行动。但是，在大多数 STAR-FLOOD 项目国家，公民依赖政府给予保护——其实这和政府的政策和法律背道而驰。由于把期望寄托在政府身上，居民很少采取自保措施。

在荷兰，政府为居民提供高水平的洪水保护，吸引他们在面临风险的土地上生活、投资。居民的个人风险意识薄弱，很少主动采取可能的缓解措施，而且一般没有对他们自己的物业进行有效的防水处理。在英国和比利时，洪水可能造成的后果没有那么严重，往往只有局部影响，保护水平也较低，居民受灾的频率也较高。在这些国家，如果在地方范围内由居民采取防洪措施，效率会更高。下面会介绍来自这些国家的先进操作方法。

公众参与决策过程，发表个人意见，有助于提高策略的合法性，而合法性也是三项最终目标中的一项（第 8.3.3 节）。无论是目标和标准的设定，还是通过政策和法律贯彻选定的策略，或者是选择具体措施应对特定地区的洪水风险，公众参与和讨论都会提高洪水治理的合法性。这些措施的成本应合理分摊，效益应公平分配，比如，因防御或缓解策略而利益严重受损的相关方应该得到足够的补偿。

11.7.1 鼓励地方行动，降低洪水风险（英国）

在英国，自 2000 年以来，公众就能够查阅洪水风险图。之后，信息和宣传的类型和数量都显著增加。在环境署网站上，用户只要输入邮政编码，就能查找当地的洪水信息——确保公众能以便捷的方式，查阅洪水风险信息。环境署还向专业和公众利益相关方发放洪水图，为众多活动寻求支持：空间规划，应急管理和高风险社区内风险意识的培养。在这种背景下，可以将洪水建模和绘图视为重要的桥接机制。

英国付出巨大努力，鼓励公民承担部分洪水风险管理责任，并以物业为单位落实个人

---

❶ 以可持续欧洲为目标的自下而上的气候适应策略：http://base-adaptation.eu/.

防洪措施。2009—2011 年，环境、食品和农村事务部提供了 520 万英镑的资金，支持以物业为单位的洪水保护方案，在 63 个高风险地区的 1109 个物业内落实了防洪措施。2012年"抗洪社区探路者方案"出台。该方案支持社区提高抗洪能力，但是并不急于四处兴建防御工程。

探路者方案向 13 个选定的当地主管部门提供 500 万英镑的资金，以提高当地的洪水响应能力，并增强社区的洪水风险责任感。活动包括：自愿监测河流水位（如卡尔德达尔市），成立社区抗洪团队，并推选当地"冠军"（如布莱克本镇），制定志愿防洪员方案和社区洪水计划（如白金汉郡）。这些方案表明，英国努力激励高风险社区自下而上开展各种活动，增强社区居民的风险自救意识。

在个人、住宅和社区范围内，自主治理行为随处可见，其大致形式如下：

（1）以住宅为单位，安装防洪和适应性措施。

（2）购买保险产品，或是选择"自我保险"。

（3）成立地方社团，这些社团可能会参与运动或游说，争取兴建防洪工程，或落实其他洪水管理措施；有些社团则积极参与洪水管理。

（4）建立社区洪水警报制度，由于不满意泰晤士迪顿镇上的社区洪水警报制度（伦敦西部泰晤士河畔），社区自己制定河水观测程序，并开发出通信系统，该通信系统输入深受信任的船闸管理员的建议；根据社区的共同决策，他们启动了集体社区响应系统。

在保持行动的一致性和连贯性方面，还存在许多障碍。如在那些刚刚遭受洪灾的地方，就有更多居民采取措施，保护自己的物业，社区制定洪水行动计划的积极性也更高——其中原因可以理解。还有一个难题是，在两次洪灾之间的间隔时间变长，或是居民搬离的情况下，如何持续行动？资源匮乏也是个问题：无法为负责推动社会参与的官员提供支持。也没有标准基金，资助社区/家庭购买物业防洪措施，户主往往得自掏腰包（亚历山大等，2016）。

11.7.2 向房屋买家和租户告知洪水风险（比利时）

为了增强公民的风险意识，在比利时，希望出售物业的业主必须在房地产广告中陈述该物业的洪水易损性，让潜在的买家和/或租户了解该物业的洪水风险信息。这种告知责任是业主的义务——必须让潜在的买家和/或租户知道，这栋房屋位于洪水多发区。这样的广告刊登之后，物业售价会降低，所以告知责任制度可能会鼓励物业业主采取缓解措施以提高售价。业主在广告中必须根据物业的洪水风险水平，展示特定图标，包括："实际洪水多发"（近期遭遇洪灾，或频率<100 年）；"潜在洪水多发"（极端条件下，或堤坝溃决时会遭受洪灾）。

这条规定很快会被修改，因为业主声称，洪水多发地区的物业价格暴跌，跟风险水平并不对应。详情参见相关网站。❶

为了减轻洪水损害，主管部门发布了保护措施指南。这是一本由佛兰芒地区环保局制作的小册子，还被拍成了动画片。小册子的标题是"洪水安全建筑——在洪水多发地区安

---

❶ 更多信息（荷兰语）：Overstromingsgevoelig vastgoed：http：//www. integraalwaterbeleid. be/nl/beleidsinstrumenten/informatieplicht/informatieplicht－overstromingsgevoelig－ vastgoed♯richtlijnen voor publicatie.

全生活"。❶ 小册子提供应该怎样做，从哪里获得保险等信息和建议。如果出现新的设计和可能采取的措施，能够在发生洪灾的时候保护建筑不受损害，应该按照什么样的程序采取行动（米斯等，2016）。

参 考 文 献

Alexander M，Priest S，Micou AP，Tapsell S，Green C，Parker D，Homewood S（2016）Analysing and evaluating flood risk governance in England – enhancing societal resilience through com – prehensive and aligned flood risk governance. STAR – FLOOD Consortium，Utrecht.

Defra（2014a）Delivering Sustainable Drainage Systems（SuDS）. Available from：https：//www. gov. uk/government/uploads/system/uploads/attachment _ data/file/399995/RFI7086 _ sud _ con – sult _ doc _ final. pdf.

Defra（2014b）Flood risk standing advice（FRSA）for local planning authorities. Available from：https：//www. gov. uk/flood – risk – standing – advice – frsa – for – local – planning – authorities. Accessed 3 Mar2015.

Ek K，Goytia S，Pettersson M，Spegel E（2016）Analysing and evaluating flood risk governance in Swe – den – adaptation to climate change? STAR – FLOOD Consortium，Utrecht.

Environment Agency（2010）Flood and coastal erosion risk management appraisal guidance，Bristol envi – ronment agency；March2010.

HM Treasury（2014）National Infrastructure Plan 2014. Available from https：//www. gov. uk/govern – ment/uploads/system/uploads/attachment _ data/file/381884/2902895 _ NationalInfrastructurePlan – 2014 _ acc. pdf. Accessed 3 Mar2015.

Kaufmann M，Van Doorn – Hoekveld WJ，Gilissen HK，Van Rijswick HFMW（2016）Analysing and evaluating flood risk governance in the Netherlands. Drowning in safety? STAR – FLOOD Consortium，Utrecht.

Larrue C，Bruzzone S，Lévy L，Gralepois M，Schellenberger T，Trémorin JB，Fournier M，Manson C，Thuilier T（2016）Analysing and evaluating flood risk governance in France：from state policy to local strategies. STAR – FLOOD Consortium，Utrecht.

Mees H，Suykens C，Beyers JC，Crabbé A，Delvaux B，Deketelaere K（2016）Analysing and evalu – ating flood risk governance in Belgium. Dealing with flood risks in an urbanised and institu – tionally com – plex country. STAR – FLOOD Consortium，Utrecht.

NAO – National Audit Office（2014）Strategic flood risk management. HC 780，Session2014 – 15，5th November 2014. Available from http：//www. nao. org. uk/wp – content/uploads/2014/11/ Strategic – flood – risk – management. pdf. Accessed 8 Oct2015.

Penning – Rowsell E，Priest S，Sally E，Morris J，Tunstall S，Viavattene C，Damon O，Chatterton J（2013）Flood and coastal erosion risk management，a manual for economic appraisal.

---

❶ 更多信息（荷兰语）在易受洪水影响的地区建房并居住：http：//www. integraalwa – terbeleid. be/nl/publi-caties/brochure – overstromingsveilig – bouwen – en – wonen.

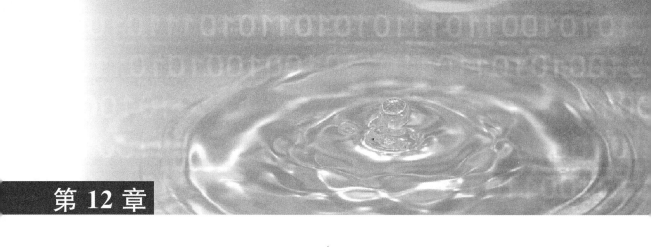

第 12 章

洪 灾 之 中

汤姆·拉格弗、尼克·布斯特和马蒂金·斯廷斯特拉

业内人士言谈录：

我目前带领一支团队，负责协调沃克劳市洪水保护活动。洪水之前，我们精心准备，打下坚实的基础，为洪灾之中危机管理小组开展各项活动提供便利条件。为了协调行动，必须有个完善的洪水保护操作计划。我们目前的计划有待更新。

在沃克劳抗洪带头人计划的指导下，我们为抗洪带头人开设培训课，并组织会议。他们是当地社区领军人物（市行政区理事会成员），在洪水来临的时候，负责引领当地居民应对灾情。抗洪带头人组织志愿者并指导他们开展各项活动，如监控堤坝状况，在需要的地方放置沙袋。这些领军人物和危机管理委员会以及消防员展开合作。

我们还和其他行政管理人员开展日常合作，他们有的负责管理现有的防洪基础设施，有的来

杰尔兹·韦拉克萨
沃克劳市安全处和危机管理办公室，
沃克劳市分洪道系统和洪水保护部

自于沃克劳市分洪道系统相关的其他单位。我们还有个重要任务：监管防洪仓库。我们储备了适量物资和设备（袋子、覆膜、土工布、手推车等），我们还有六个创新性的、就地存放的沙料库。这些沙以料堆形式存放，总储量约 20000 立方米，料堆上面有土层覆盖，和周围环境融为一体。洪灾发生的时候，我们做好准备，协助危机管理小组开展行动，并负责协调工作。重大洪水期间，我们部门每天工作 24 小时。

波兰存在各部门条块分割现象严重，洪水防御领域的机构缺乏监管等问题。作为地方主管部门，我们没有办法改革整个系统。所以，我们将工作重点放在促进合作上面，确保洪水之前和之中，各类利益相关方能够相互协调，达成共同目标。目前，整个沃克劳市的分洪道系统的升级工作即将完成。分洪道系统很快进入现代化发展阶段，许多因素也因此改变，其中包括极端流量、淹没模式，以及防洪设施的状况和运转。我们的工作也必须随之调整，这些都必须反映在我们的操作计划之中。

我们应该帮助当地抗洪带头人改进工作，并培训更多背景不同的居民，以此增强社会意识，让人们知道洪水发生的时候应该怎样做。我们部门同事平时就兢兢业业地工作，所以尽管困难重重，我们还是有信心实现这些目标。

要给其他负责洪水保护的同行提建议，其实很困难——因为每个国家，每个地区的水文条件都不一样。沃克劳市面临着特别高的洪水风险，这是由城市的位置决定的，在这里，奥德河受四条河流的影响，这四条河虽然不大，但是都很危险。我认为，各位同行应该加强和社会各界的合作。我们在这方面颇有心得，我们组建了抗洪带头人团队。而且我们热情积极，乐意与所有关心城市洪水安全的人分享我们的经验。

12.1 常见难题

本章探讨能够优化洪灾之中灾害管理的洪水准备和相应措施。这些措施包括：完善洪水预测和警报系统，编制灾害管理和疏散计划，在洪水发生时实施灾害管理。因此，尽管本章标题为"洪灾之中"，但是必须在洪水发生之前，确保措施已经到位。

STAR-FLOOD 项目六国都建立了洪水警报系统。如今，依赖于技术进步，洪水警报更及时，信息更准确。及时的洪水警报具有重要作用，因为它为人们及时行动、应对洪水争取了足够的准备时间。所有国家也有通知系统，用来向身处险情的公民和应急响应人员发布洪水警报。英国的通知系统非常先进，可以通过多种渠道发布洪水警报，还提供自愿退出服务，争取让更多的人接收正式警报信息。英国和波兰还建立了以社区为基础的资源警报体系，能够促进正式洪水警报的传播。

STAR-FLOOD 项目六国内，应急或灾害管理的许多方面都在变化，如从人防模式变为以风险为基础的综合性模式，从被动应对到积极主动的策略，从指挥兼控制的组织形式到多执行方决策的合作形式。要成功落实这些变化，明晰的职能和责任分配显然是最重要的基础条件。

所有国家都采取多风险应急管理模式。这意味着，洪灾管理是更广泛的应急和危机管理体系中的一部分。为了明确职能和责任，应对当今时代的各种风险，21 世纪最初十年内，所有六国的应急管理都经历了重组、巨变的过程。如在荷兰，2010 年《安全区法案》确立了安全区制度（即专门的应急管理主管部门），并为一体化多执行方应急管理提供了综合性组织基础。为实现优化管理，不仅必须明确各自的职能和责任，还需要建立桥接机制，确保多执行方互联互通，发挥协同优势。确保成功的最后一个条件是，必须对应急计划进行定期检测。

研究结果还表明，在六国或多或少都存在三个与应急管理相关的问题：六国之中，公众往往缺乏风险意识；公众大多依赖国家，不愿意抗灾自救，一味指望国家干预；有证据表明，比利时和波兰缺乏充足的资源，无力支持应急管理活动，这个问题在基层管理部门尤为突出（埃克等，2016a）。

本章我们将详细介绍如下先进操作方法：主管部门怎么样做，才能合理分配职能和责任；可以采取什么样的措施，提高公众的风险意识，鼓励他们在洪灾发生的时候参与应急管理；如果洪灾持续，如何保持沟通，让公众知道，自己应该采取什么样的行动。

第 10 章、第 11 章和第 13 章也介绍常见难题和相关的先进操作方法，但是各自侧重点不同，第 10 章涉及综合规划，协调合作，第 11 章和第 13 章分别介绍洪水之前和洪灾之后的管理活动。

补充材料内附快速参考图，参考图详细解说每个国家的先进操作方法，还清楚标明和每项先进操作方法对应的洪水风险管理策略，治理内容，以及终极目标。

12.2 洪水发生时，主管部门如何组织起来？

危机发生的时候，明晰的职能和责任分配特别重要，各人必须清楚，谁负责作出哪些决策，谁必须做什么事情，谁负责沟通，和谁沟通等。应先搞清楚这些问题：谁应该决定某个地区的人口必须疏散；谁应该传达这一决定；公民有没有撤离的义务。在这种环境下，主管部门得解决这一难题：如何确保来自各个领域的利益相关方之间能够协调合作，其中包括水务管理领域，公共安全等。通过国家间的比较，我们发现，必须建立相关机制，能够扩大并缩减应急响应的范围和规模，这一点十分重要。这种机制应该遵循权力下放原则，也就是说，只有在下级主管部门无法执行任务的情况下，才应由上一级完成这项任务（埃克等，2016a）。

下面介绍的先进操作方法实例是英国的洪水预测和警报组织，以及应急管理多级组织。但是瑞典的协调机制也颇具创意——他们建立了机构内协作区（埃克等，2016a）。

12.2.1 组织洪水预测和警报 （英国）

气象局为英国提供公共气象服务，免费为公众提供预测。气象局还提供国家恶劣天气警报服务——当天气可能影响公共安全（也许会引发洪灾，或存在其他风险）的时候，气象局就会发布气象灾害预警。尽管气象局提供公共服务，但是它依然是英国商业、创新和技能部（中央政府的一个部）内的一项"交易基金"，在既定目标的指导下，采用商业化模式运营。

洪水预报中心于 2009 年成立，它是由气象局和环境署共同创办的一家合资公司，充分发挥气象局的预报能力，负责预报所有类型的洪水。洪水预报中心还设有利益相关方用户组织，该组织由关键合作方的代表构成，这些代表来自政府、企业、科学界和应急响应协会。利益相关方用户组织的一个重要目标是向预报中心的管理小组提供反馈，帮助他们把握未来发展的方向。

洪水预报中心下设英国海岸监控和预报服务部门，这个部门也有许多合作方和利益相关方。普劳德曼海洋实验室就是其中一个合作方，该实验室提供数据输入（其中最重要的是潮汐预报和风暴潮模型）。利益相关方包括国际组织（如荷兰某组织负责北海对岸的洪水危机管理协调工作）、航运公司、港口代理、能源公司等。除了某些利益相关方之外，普通公众、职业应急响应人员、基础设施供应商和其他公共和政府服务部门都是洪水预报受众。

由此可见，科研人士也参与洪水预报，我们不应该低估这种合作以及相关科学的重要性和影响。不仅气象局，就连环境署（在一定程度上）都在和科研职能部门以及科研人员合作。此外，这两个组织还委托其他组织开展科研项目。如英国气象局的哈德莱中心成立于 1990 年，专门负责气候变化研究。能源和气候变化部、环境、食品和农村事务部都是哈德莱中心的出资方，该中心还就气候科学问题向政府提供咨询。此外，英国还为欧洲洪水警报系统的发展作出贡献——尤为值得一提的是，英国雷丁市的欧洲中期天气预报中心就起到了非常重要的作用（亚历山大等，2016）（表 12.1）。

表 12.1　　　　2014 年初，面向英国公众、职业应急响应人员和其他利益相关方开放的洪水警报产品

警报类型	说　明	供应方
公共洪水警报服务	针对河流或海洋洪水高危地区发出的警报，类别为：洪水警戒、洪水警报、严重洪水警报	环境署
洪水指南	由洪水预报中心发布的河流和海岸洪水指南，每日一次，预报 3～5 天的极低、低、中度和高风险洪水	洪水预报中心
极端降雨警戒	极端降雨发生概率＞20％时，由洪水警报中心发布。每日一次，以指南及其更新表格形式发布，这种警报也许预示可能出现地表洪涝	洪水预报中心
恶劣天气警报	如果发生可能会造成破坏的恶劣天气（以国家恶劣天气警报服务为依据），气象局会发布警报	气象局
警报	每日一次，预报恶劣天气或极端天气，置信区间为 20％～60％。早期警报：最多提前 5 天预报恶劣天气或极端天气，置信区间为 60％～80％。紧急警报：置信区间超过 80％，至少提前 2h 发布	气象局
地下水洪水警报	在网上公布反映英国各地区地下水状况的数据，并提供某些地区的地下水洪水警报	环境署

12.2.2　协调地方应急响应的框架（英国）

早在数十年前，英国已经基本确定和应急管理相关的治理部署。在民防法律中，洪水不应被视为独立问题，而是应该归入大概念，即紧急情况（详见《2004 年民事应急法案》）之中。但是英国仍然针对洪水制定了专项战略政策框架，即《2013 年英国国家洪水应急框架》，环境、食品和农村事务部负责维护这一框架。

英国围绕单个法定框架组织地方民防，这个法定框架就是《2004 年民事应急法案》和《2005 年民事应急法（应急计划）条例》（修订版）。根据这些法律，核心执行方被分为一类和二类响应人员（详见《民事应急法案》）两类。

一类响应人员（地方主管部门和环境署）是应急响应"火线"上的核心力量，他们必须承担一整套民防责任，负责评估潜在的和实际发生的风险，制订计划，并向公众和其他响应人员提供咨询。此外，一类响应人员有责任安排信息传播事宜，并确保沟通顺畅，信

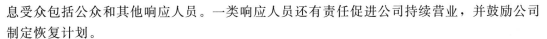

息受众包括公众和其他响应人员。一类响应人员还有责任促进公司持续营业，并鼓励公司制定恢复计划。

二类响应人员大多是公共事业公司和交通运输组织，主要作为一类响应人员的"合作机构"行使相关职能，他们有责任在必要情况下，和所有响应人员合作，分享信息，并向他们提供咨询。法律还规定，响应人员必须充分尊重自愿协助应急管理的部门，但是并未概括说明相关机制。

应急规划以社区风险登记册记录的当地风险定期评估结果为依据。制定应急计划是一类响应人员的法定责任，一类响应人员必须在地方抗灾能力论坛中执行该任务。英国的每个警区都必须成立地方抗灾能力论坛，论坛由一类和二类响应人员组成［详细规定参见《2005 年民事应急法（应急计划）条例》］。这样可以确保背景完全不同的应急执行方能够就当地风险达成共识。地方抗灾论坛制作出一系列的通用以及针对特定灾害的应急规划文件。如他们制定了多机构洪水计划，以支持战略性和战术性决策。

总之，应急管理以权力下放这一法律原则为指导。按照这一原则，应适当放权，尽量由基层作决策，由上级主管部门负责协调和合作（环境、食品和农村事务部，2013；内阁办公室，2011）。这就意味着，各类不同的执行方可能会参与洪灾事件管理，具体情况由洪灾的范围和规模决定。最终，应急管理权力归于内阁办公室和民事应急秘书处（亚历山大等，2016）。

12.2.3　SEQUANA 洪灾管理演习（法国）

SEQUANA 是法国举行的一场大型洪水危机管理演习，从 2016 年 3 月 7 日开始，持续到 18 日，演习指令由巴黎防务安全区秘书长发布，欧盟为这次演习提供部分资金。

过去 10 年间，大巴黎区的重大洪灾风险已经成了公共和私营利益相关方共同担心的问题。如果该地区总要面对一场重大洪灾，那就应该针对这种情境，预先演练。大巴黎地区会聚了法国三分之一的经济活动。它是欧洲第二大经济区。所有中央行政管理部门和许多大公司的总部都设在此处。巴黎如果发生大洪水，将会由近 500 万居民受到直接或间接影响，许许多多的活动受到干扰，无论从人力、经济还是社会角度看，这都会是一场深重的灾难。目前，直接在洪水风险区生活的就有 85 万人。如果发生大洪水，超过一百万人会被断电。

这次演习的目标是，检验所有相关执行方在塞纳河暴涨时管理危机的能力，协调洪水分区范围内所有相关人员的行动，评估相关服务部门和操作人员拟定的应急计划的适用性。这次演习还必须改进民事安全服务部门的危机响应能力，检验军民合作的能力（"海神"作战部队也加入这场演习）。10000 名签订武装部队作战合同的军人中，有 1500 名将首次参加地面实战演习。

得益于 SEQUANA 演习，主管部门有机会测量 Ile-de-France 区内洪水信息的传播范围。这次演习还提高了广大公民，公共主管部门，以及其他利益相关方的危机管理意识。参与演习的利益相关方团体超过 90 个，主管部门能够和这些团体以及公众沟通并探讨：在其职责范围之内，如何做好洪水前的准备工作以及洪水中的应急响应。

为了在演习准备期间加强协作，主管部门建立了协作平台，促进利益相关方相互交流。主管部门为参与演习的人员提供了工具和相关机制，让他们能够共同制定清晰、连贯的策略。防务安全区秘书长负责协调工作。这个演习项目从 2014 年初开始筹备，一直持续到，2016 年 3 月，届时将公布演习评估结果。

从人力和物质资源这个角度看，这种规模的洪水将超过区间和国家的能力范围。因此，演习将诉诸欧洲民事安全机制。警察局将接受来自四国的援助：比利时、西班牙、意大利和捷克。

这种类型的洪灾演习非常有意义，因为它能让城市在大洪水实际发生的时候做好准备。建议所有洪水多发区都应该定期进行演习（拉鲁等，2016）。

12.3 洪水之中，如何吸引公众参与灾害管理？

洪水暴发的时候，公民和公司往往手足无措。他们不知道如何应对，往往会作出错误的决定，甚至会付出生命的代价。2015 年 10 月，法国里维埃拉海滨洪水泛滥，有些公民因为试图保护停在地下车库里的汽车，溺水而亡。洪水之中，人们必须清楚，是应该留在家中，还是应该撤离（水平疏散），或是应该前往当地的安全区（如高处的避难所，即垂直疏散）。主管部门可以在洪灾发生的过程中发布疏散通知，但是如果人们之前已经大致知道，洪水发生的时候应该怎样做，那洪灾之中的沟通就更加有效。要想把公众风险意识保持在较高的水平，鼓励他们在常年没有发生洪灾的情况下也不放松警惕，往往很困难。其实，有些国家在设计防洪建筑时，选用重大洪水作为设计标准，就往往会出现洪灾间隔时期很长的情况。

为了鼓励公民积极行动，主管部门必须清楚地传达如下信息：当前洪水的状况和影响，公民和公司可选择的行动方案。研究结果表明，政府在发布行动信息的时候，必须非常谨慎，因为一旦信息有误，他们可能会被追究责任——这也是政府面临的一个难题。

最近，荷兰政府加大了风险传播的力度。政府告诉公民，即使荷兰的洪水保护系统完善，还是存在剩余风险，人们还是应该知道，万一发生洪水他们应该怎样做。荷兰掀起了国家、地区和地方各级运动，旨在提高公众的洪灾响应意识。此外，咨询网站（www.overstroomik.nl，参见第 12.3.4 节）和培训演习（符合水法案规定的）也推动了相关信息的传播。其他 STAR - FLOOD 项目国家也作出了类似部署。

志愿者有时也会加入救助活动，如放置沙袋，协助疏散。在英国，公众参与高度规范化，而且成为洪水风险管理中不可或缺的一部分（第 12.3.1 节）。波兰人也开始推广社区准备活动。在沃克劳市，公众通过志愿消防队和抗洪带头人计划参与应急响应（第 12.3.2 节）。在荷兰，（由平民组成的）"堤坝军队"保持了志愿抗灾的传统，而且这支队伍不断壮大。在法国，平民消防员也在灾害管理中发挥重要作用，因为大部分消防员都是志愿者。

12.3.1 社区洪水行动计划和防洪员（英国）

英国有高度成熟的社区参与制度，如公众自发成立社区洪水行动小组。行动小组往往和当地主管部门，环境署以及国家洪水论坛（注册慈善机构）合作抗洪（第 12.2.1 节）。为了提高社区的洪水准备能力，社区洪水行动计划出台，而环境署（2012）和内阁办公室（2011）负责提供支持和指导。某些地区还建立了社区志愿防洪员制度，促进正式警报的传播。

环境署和电信供应商合作，推出自愿退出洪水警报服务。在地方范围内，社区成员还可以成为"防洪员"（和环境署以及社区一致行动），负责在当地传播洪水信息，确保弱势群体也能收到警报，并协助响应活动（亚历山大等，2016）。

12.3.2　消防员、志愿者和地方带头人（波兰）

在波兰，洪灾之中，许多志愿和非志愿消防员都会积极参与响应活动。志愿消防员活动是波兰的百年传统，目前包括4000个行动机构，从当地居民中招募了16000个志愿消防员，而且从市政预算中得到资金支持。

职业和志愿消防员定期进行洪水操练，以提高他们的洪水准备和响应能力。操练分为实地和案头操练两大类，其中包括各种洪水情境下的各类响应活动。地方危机管理主管部门、地方社区代表和市政主管部门都应该参加操练。地区和地方级机构负责组织操练。由于定期操练，所有相关执行方在洪水实际发生的时候，早已严阵以待。

地方和地区危机管理委员会充分发挥志愿者的力量，尽量减少洪水损失，并且有效地吸引当地社区参与救灾。在地方范围内参与救灾的组织包括童子军、志愿救灾巡逻队等。地方和地区危机管理委员会负责在洪灾之中监督志愿者，并予以指导。

还有一些其他零星案例，都是值得地区或地方主管部门借鉴的先进操作方法。如2007年推出的洪水带头人计划，既能够有效利用社区内重要人物掌握的当地知识，又能增强社区的洪水响应能力（马特扎克等，2016）。

12.3.3　使用宣传册，传播洪水风险和疏散计划等信息（瑞典）

吕勒奥河上的电力大坝建于20世纪60年代。一旦溃坝，洪水将直泻数百千米，下游城市博登和吕勒奥的大片地区将淹没在数米深的水中。

在瑞典，与溃坝相关的洪水风险是最常见的风险之一。长期以来，主管部门一直在为此制定相关政策。但是，在许多公民看来，水电站大坝就是安全保障，即使发生安全事故，也会有应对的时间。

为了改正公民的错误认知，提高他们的风险意识，2012年，吕勒奥和博登市内每一户人家都收到了一本小册子。小册子提供如下信息：溃坝风险，疏散路线，各个城市的会集地点，从溃坝到水淹至相关地点所需的时间。

但只发一次小册子远远不够，为了保证所有公民收到信息，应该定期反复分发这类小册子，而且最好同时采用其他传播方式（如电视、社交网络、互联网、报纸和街头推广），提高宣传力度。这种方法能够增强人们的洪水（以及其他自然灾害）风险意识，还能让更多人知道：灾害来袭的时候应该怎样做（埃克等，2016b）。

12.3.4　"我该留还是该走"网站（荷兰）

过去，荷兰很少向公民提供和洪水风险以及应急响应相关的信息，这一状况近期才开始改变。研究表明，由于洪水保护水平很高，所以公民的洪水认知水平非常低。人们普遍认为，政府会保护人民，但实际上，如果发生紧急情况，政府的能力有限。最近，尤其是美国新奥尔良州卡特里娜飓风灾害之后，荷兰开始关注洪灾后果管理措施。荷兰掀起了大型宣传活动，帮助公民了解更多当地的洪水风险信息。

主管部门设计了一个网页，专门用来传播防洪信息——一旦发生洪水，公民应该怎样做。这个网站的地址是 www. overstroomik. nl，用户只要输入地区邮编，就能够查到该地区的具体信息：洪水风险，洪灾后果（如最大水深），洪水发生时应该怎样做，如何做准备（如带上毯子、饮用水、食物、收音机和药品）等。在荷兰，"我该留还是该走"这一条醒目的标语随处可见。在特定情况下，和水平疏散相比，垂直疏散（如转移到更高的楼层）可能会减少人员伤亡。许多其他低洼国家和地区也必须考虑这个问题，毕竟在那些地方，公路网络也面临被洪水淹没的风险（考夫曼等，2016）。

参 考 文 献

Alexander M，Priest S，Micou AP，Tapsell S，Green C，Parker D，Homewood S（2016）Analysing and evaluating flood risk governance in England – enhancing societal resilience through comprehensive and aligned flood risk governance. STAR – FLOOD Consortium，Utrecht.

Cabinet Office（2011）Keeping the country running：natural hazards and infrastructure. Civil contingencies secretariat. Cabinet office；London DG environment（2014），study on economic and social benefits of environmental protection and resource efficiency related to the European semester，ENV. D. 2/ETU/ 2013/0048r，Final version.

Defra（2013）Securing the future availability and affordability of home insurance in areas of flood risk. A consultation seeking views on the Government's proposals for securing the availability and affordability of flood insurance in areas of flood risk. Defra，London.

Ek K，Goytia S，Pettersson M，Spegel E（2016a）Analysing and evaluating flood risk governance in Sweden – adaptation to climate change? STAR – FLOOD Consortium，Utrecht.

Ek K，Pettersson M，Alexander M，Beyers JC，Pardoe J，Priest S，Suykens C，Van Rijswick HFMW （2016b）Best practices and design principles for resilient，efficient and legitimate flood risk governance – lessons from cross – country comparisons. STAR – FLOOD Consortium，Utrecht.

Kaufmann M，Van Doorn – Hoekveld WJ，Gilissen HK，Van Rijswick HFMW（2016）Analysing and evaluating flood risk governance in the Netherlands. Drowning in safety? STAR – FLOOD Consortium， Utrecht.

Larrue C，Bruzzone S，Lévy L，Gralepois M，Schellenberger T，Trémorin JB，Fournier M，Manson C， Thuilier T（2016）Analysing and evaluating flood risk governance in France：from state policy to local strategies. STAR – FLOOD Consortium，Utrecht.

Matczak P，Lewandowski J，Choryński A，Szwed M，Kundzewicz ZW（2016）Flood risk governance in Poland：looking for strategic planning in a country in transition. STAR – FLOOD Consortium，Utrecht.

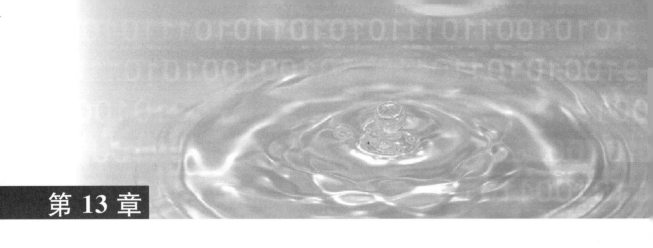

第13章

洪 灾 之 后

汤姆·拉格弗、尼克·布斯特和马蒂金·斯廷斯特拉

业内人士访谈录:

阿德里安负责确保 Flood Re 方案经合理设计,有效实施之后,能够面向目标人群实现运营目标。据估计,如果没有 Flood Re 这样的再保险方案,35 万个居住在洪水多发区的家庭很难以适中的价格买到洪水保险。

阿德里安·克尔
Flood Re 运营总监（Flood Re 是英国政府管理的洪水再保险方案）,之前,阿德里安是环境署投资和融资总监,并且负责制定洪水风险管理长期策略

2016 年 4 月,Flood Re 方案将正式启动,得益于这一方案,更多保险公司能够面向普通公众,出售洪水保险。保险公司会把符合条件的住宅保险单的洪水风险责任转嫁给 Flood Re,我们会以住宅物业的市政税阶为依据,向保险公司收取每一单的再保险费用。由于洪水损失的预计成本和新的,价格较低的保险费和免赔额之间存在差价,为了赔补差价,保险公司每年要支付 Flood Re 大约 1.8 亿英镑的费用。这样一来,可供遭受洪水威胁的消费者选择的住宅保险更多,而且保险费用也会降低。

Flood Re 本质上是为投保住宅物业而设立的基金,和其他基金一样,如果没有什么水灾发生,它就增值,如果发生了重大洪灾,它就贬值。如果早期出现重大灾情,Flood Re 的亏空会被补齐,因为我们将购买我们自己的再保险,持有储备金和资本,这样一来,我们能够在全年的 99.5% 的时间内支付所有索赔金额。

Flood Re 方案还有其他作用,如帮助人们进一步了解他们面临的洪水风险的水平,并向他们解释,他们应该怎样做,才能尽可能地降低风险。Flood Re 只会运营 25 年,政府、地方主管部门、保险公司和社区应该利用这段时间,做好更充分的准备,应对洪灾。为了实现这一目标，他们可以采用各种措施，如有效的土地规划，可持续排水，可持续发展以及有效的洪水风险管理。

当 Flood Re 方案停用的时候，我们应该能够恢复之前的住宅洪灾保险制度，按照每栋住宅实际面临的洪灾风险类型确定保险价格（风险反映式定价）。因此，到那时住宅业主、地方主管部门和政府会受到激励，积极采取措施缓解洪水影响。

13.1　常见难题

洪灾过后，恢复阶段随之开始。首先，排干所有内涝，可以任积水自然流走也可以使用水泵排水；然后，清理受灾地区，重建所有受损建筑和基础设施。主管部门必须以建筑和基础设施被暴风雨损坏的程度为主要依据，精心规划重建程序。在修复单个物业之间，必须首先恢复，重建基础设施（如四通，即道路、供电、供水、下水道），让人们的生活和工作恢复正常（第 13.3 节）。

有个常见难题是，如何确保恢复资金到位？是靠私营保险，还是公共补偿？还是采用公私合营模式？（第 13.2 节）如果基金制度不健全，那么在特定地区，就存在这样的风险：需要太长时间重建家园，甚至根本无法重建。卡特里娜飓风过后，新奥尔良的重建工作就遭遇瓶颈：主要地区花了四年时间才恢复，个别居民则历经八年才重建家园。

最后一个难题是，如何从过去的洪灾中吸取经验教训，改进未来的洪灾风险管理工作（第 13.4 节）。

第 10 章～第 12 章也介绍常见难题和相关的先进操作方法，但是各自侧重点不同，第 10 章涉及综合规划，协调合作，第 11 章和第 12 章分别介绍洪水之前和洪灾之中的管理活动。

补充材料内附快速参考图，参考图详细解说每个国家的先进操作方法，还清楚标明和每项先进操作方法对应的洪水风险管理策略，治理内容，以及终极目标。

13.2　如何为灾后恢复提供足够资金？

STAR－FLOOD 项目国家主要采取两种方式为灾后恢复提供资金：私营保险和国家补偿制度。但是，具体方案的运作方式有很大区别。这些分别反映出不同的洪水风险责任观。在英国和瑞典，从法律角度看，洪水保护和恢复是公民的个人责任。因此，洪水恢复资金往往来自私营保险。在法国，团结原则由宪法确认，这可能就是法国采取公私合营模式的原因。在荷兰，由于国家有责任保护公民，而且保护标准颇高，上市的保险产品自然有限。由于气候变化，洪水风险增加，各国都认真审视它们的保险制度，并努力改进。所有国家中，要求按风险为保险定价的呼声越来越高。

各国保险机制也有很大差别——保险系统和国家的合作程度各不相同。英国和法国分别代表两级：在英国，国家很少干预保险系统；在法国，保险系统大多由国家管理。在大多数国家，洪灾保险是包含在一般住宅保险之内的，与火灾保险联系在一起。这种捆绑模式的优点是，所有投保人可以共担风险，分摊成本，而且能够提高保险普及率。但是，这种模式会限制业主的积极性：他们不愿意远离洪水多发区，也不愿意对个人物业采取适应性防洪措施。此外，这种模式提高了不在洪水多发区内居住的人的保险费。

比利时也推出了私人洪水保险，因此，洪灾恢复责任从国家转移到受洪水风险影响的个人身上（即由市场承担风险）。比利时的洪灾保险采用以风险为依据的差异化定价策略，以此阻止个人在高危地区建房。政府规定了洪灾保险费用的上限，但是这个上限不适用于 2008 年 9 月 23 日之后在高危地区建造的建筑物，私营保险由灾害基金支持（第 13.2.2 节）。在法国，私营保险和国家合作，保证再保险覆盖巨灾损失。得益于再保险制度，法国洪灾保险费用低，而且在全国广泛普及，无论风险多高都受到保护（第 13.2.3 节）。英国目前正在改革保险制度，改革的短期目标是，统筹行业内的高风险物业交叉补贴，控制保险价格。长期目标是，逐步取消交叉补贴，以此鼓励住宅业主采取措施降低洪水风险（第 13.2.1 节）。

在荷兰和波兰，洪水损失补偿依然属于公共领域，而非私营领域。由于荷兰政府提供高标准安全保护并且补偿洪灾损失，所以公民没有购买保险的积极性。只有一家公司提供重大洪灾保险。在波兰，公民和公司负责自筹资金，用于灾后恢复。但是，洪灾发生之后，人们还是期望国家提供援助和补偿，而且过去国家也确实提供过援助和补偿。但是，这并不是规范化、统一化的补偿机制，所以也并不可靠。尽管法国和荷兰都有法定的公共补偿机制，但批评者指出，实际上补偿方案往往受到政治意愿和公众压力的影响。

在英国、瑞典和荷兰，不仅有以公民为基础的恢复机制，还存在支持地方主管部门实施恢复措施的财政恢复机制。英国通过贝尔温方案落实这一部署（第 13.2.5 节）。在瑞典和荷兰，严重灾害发生之后，政府可能会发放救灾款——相关决定根据具体情况作出（埃克等，2016）。

13.2.1　洪灾保险和再保险（英国）

在英国，洪水保险是一般住宅保险（包括建筑物和建筑物内陈设）的一部分，所以洪水保险策略隶属于住宅保险和再保险供应政策领域。洪水保险普及率高，它是保证个人和企业在洪灾之后能够获得资金援助的主要机制。

自 2016 年起，Flood Re 这个非营利再保险基金将正式启动。Flood Re 旨在确保所有人都买得到而且买得起中期洪灾保险（参见 2014 年《水法案》规定）。Flood Re 系统由资金池支持，为高风险物业的保险费设定上限，并由资金池提供补贴。尽管大部分家庭不会受影响，但是采用这种新的运营模式，能够为洪水风险更高的物业提供正式的交叉补贴，设定保险费用上限，以降低这些高危家庭的保险费用。

Flood Re 将使国内保险市场变得更加复杂——保险业内设立公司，专门管理再保险基金，同时政府也加强了监管职能。那些提供洪水保险的公司仍然必须遵守和金融服务供应相关的一般性的国家和欧盟规则。但是 Flood Re 启动之后，英国必须制定并实施新的法律。最重要的是，英国采用这种新的模式，其短期目标是，确保大部分住宅物业（有些物业不在此范围之内）保险既能全面普及，而且价格合理；长期目标是，在过渡期之后，能顺利恢复到之前的洪水风险制度，依据风险程度为保险定价。但是有人担心，在实际操作中，Flood Re 到底应该怎样做，才能实现既定目标；这种新的保险/再保险方案能否成功地鼓励业主在自己的住宅内采取洪水适应性措施。

一直以来，私营保险公司负责提供洪水保险，它们采用纯市场化的经营模式。Flood-Re 这一新方案出台之后，政府会加大参与和监管程度，这说明，国家和市场之间的权力分配格局可能会发生改变（环境、食品和农村事务部，2013）。英国系统称得上是"先进操作方法"范例，因为它具有如下优点：作为一般住宅保险的一部分，洪水保险的普及率高；通过再保险，长期平抑保险价格；未来将采用更能反映风险水平的定价方式，鼓励业主在住宅内采取洪水适应性措施（亚历山大等，2016）。

13.2.2　保险费用差异化（比利时）

截至 2006 年 3 月 2 日，洪灾损失保险必须被纳入"简单风险—火灾保险单"内。这种保险适用于所有自然灾害（即地震、山体滑坡、溃坝等）。将所有灾害纳入这种保险的原因是，所有比利时公民都面临可能遇上自然灾害的风险。尽管该保险并非强制险，比利时 95％的业主和 89％的租户都购买了这种保险。

因为每个人面临的洪灾风险水平不同，决策者反复讨论：应该以洪灾风险预防（提高风险意识）为重，还是应该确保人人都买得起洪水保险（团结原则）。2005 年 9 月 17 日出台的《土地保险合同法》（终稿）在两种话语之间谋求平衡。洪水风险被纳入普及率很高的火灾保险。该法案规定，如下损失必须得到补偿：洪灾造成的直接损失；间接损失（也和主管部门采取的措施相关）；与重建和恢复相关的清洁和拆卸费用；（在住宅场所不适于居住的情况下）居住 3 个月之内的住房费用。

但是，如 2008 年 9 月 23 日以后在高危地区新建住宅，保险公司没有为建筑物及建筑物内陈设提供保险的义务。

理论上，保险公司可以自由决定其保险费率。他们利用洪水风险图计算特定地点的正确费率，然后根据损失索赔情况更新费率。但是，费率管理局规定了保单费率的上限，无论相关建筑物的地点在哪里，相关（洪水）风险水平多高，保险公司的报价不得超过管理局规定的最高费率。唯一的例外情况还是一样：如 2008 年 9 月 23 日以后在高危地区新建住宅，则最高费率不适用于该建筑物以及建筑物内陈设（第 11.4.1 节，劝阻相关方在洪水多发区建房）。这种机制抑制洪水多发区内的新兴开发活动，尽量让人远离水。

灾后索赔的偿还机制也有其独到之处：在灾难发生之前，就预先设定干预阈值。如果索赔金额超过阈值，超额部分由灾害基金（CANARA——补偿机制）偿还。得益于这种机制，在重大灾害发生时，比利时境内所有正在营运的承保火灾的保险公司将分摊损失。这一先进操作方法具有如下优点：将洪灾纳入火灾保险，提高了普及率，所有保险公司参与索赔款再分配，利用保险机制阻止相关方在洪水多发区从事开发活动（米斯等，2016）。

13.2.3　Cat-Nat 公私合营保险系统：法国

20 世纪 80 年代早期，法国发生了数次自然灾害，造成了严重的影响，于是 1982 年 7 月 13 日，法国国会投票通过一项法案——自然灾害受害者有权获得补偿。这条法律构成了法国公私合营保险系统（俗称 Cat-Nat 系统）的基础。

Cat-Nat 系统是混合型保险系统，具有公私合作性质。该系统联合各保险公司，如

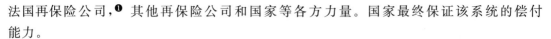

法国再保险公司，[1] 其他再保险公司和国家等各方力量。国家最终保证该系统的偿付能力。

Cat‐Nat 系统建立在国家团结这一基本原则之上。每位投保人，无论他面临的风险水平是多少，都为自然灾害保险支付同样的，标准化的保单税率。按照 Cat‐Nat 系统规定，应从覆盖财产损失保险的所有保险合同中扣除自然灾害附加保险费（占合同金额的12%），由国家政府存入专项基金。这些合同被称为基线合同[2]而且在法国属于强制性保险合同。所以，Cat‐Nat 保险普及率在法国非常高。此外，法国人认为，每位投保人需要承担的费用不算太高。

保险公司可以办理再保险，法国再保险公司显然是非常可靠的选择——它是唯一一家偿付能力获得国家担保的再保险公司。

物业业主必须满足如下条件，才能从 Cat‐Nat 系统中受益：

（1）业主已经签订"基线合同"，办理了财产损失保险。

（2）受影响的城市以及灾情经部长级会议联合裁定，确系"自然灾害"——只有"特别严重"的灾害，才符合理赔条件。洪水重现期至少为 10 年，才会被裁定为"特别严重的自然灾害"。这个阈值在全世界范围内处于最低水平。

部分附加保险费已经被扣除，存入专项基金，用来预防重大自然灾害（即巴尼尔基金，又称国家重大自然风险预防基金）。在法国，三分之一的国家洪水风险管理政策资金由巴尼尔基金提供。所以，这个基金和洪水之前的措施也有紧密的联系（第 11 章）。

事实证明，这个系统在灾后恢复阶段发挥了巨大作用，但是同时，它也饱受诟病。尽管巴尼尔基金为洪水之前的风险管理提供资金，但是普遍看法是，由于恢复资金来源得到保证，预防和缓解行动反而受到限制。人们想到，灾害发生以后，损失会得到补偿；所以他们往往不会积极主动地限制灾害后果。正因为如此，Cat‐Nat 系统的改革屡屡被提上政治议程（拉鲁等，2016）。

13.2.4 公共补偿基金（荷兰）

在荷兰，洪灾发生之后，受灾人员可以根据 1998 年灾害补偿法案规定受到补偿。该法案规定，遭受洪水、地震或是其他严重程度类似的灾害之后，受害人能够得到补偿。只有满足如下条件时，该法案才适用：损失并非由受害人故意造成；损失不能投保；无法用其他方式申请索赔。此外，目前该法案仅适用于物品的物理损害，不适用于人身损害。

受害人遭受损失的认定必须符合依据：法律已经就损失类型作出明确规定，国家政府则负责认定灾害地区。由专家负责评估损失，并提交损失报告，该报告构成补偿依据。部长负责发布政令，就每次灾害的补偿作出明确具体的安排。如果受害人无法采用其他方式申请补偿，风险也无法投保，那么即使未通过灾害损失认定，也可以作为例外情况，得到法定的损失补偿。

荷兰的补偿系统也是先进操作方法范例，这表明在以保险为基础的补偿机制之外，还

---

[1] 法国再保险公司，CCR 是一家再保险公司，负责规划，实施，并高效管理相关机制，为巨灾提供再保险，满足客户需要，并维护公众利益。

[2] 法语原文为"Contrats socles"。

存在备用方案，也能合理安排补偿事宜。但是必须注意一点：这种补偿机制到底如何运作，尤其是在极端严重的洪灾发生之后，如何发挥作用，由于缺乏足够的经验，我们目前并没有得到清楚的答案（考夫曼等，2016）。

13.2.5　为地方主管部门提供补偿的贝尔温计划（英国）

贝尔温计划由政府出资并组织，为地方主管部门提供资金，补偿意外损失。贝尔温计划不仅为洪灾提供资助，而且为需要紧急开支的各类事故提供资金。

某些情况下，地方主管部门可能会诉诸贝尔温计划，申请资助，如居民疏散以及暂时住宿费用，高速道路旁树木倒塌时所需的初步修缮费用。

本计划由中央政府的部长级机构——社区和地方政府部负责管理，寻求资金的地方主管部门必须提交向该部门提交申请，详细说明满足补偿条件的开支。

贝尔温计划是一种先进的操作方法，因为它帮助地方主管部门在洪灾之后恢复。但是也有人认为，该计划依然有不足之处：应该鼓励这些地方主管部门在洪水之前采取预防措施（亚历山大等，2016）。

13.3　如何维护并恢复关键基础设施、医疗卫生以及其他公共服务？

在研究和政策领域，人们非常关注这一问题：洪灾期间尽力维护至关重要的基础设施，洪灾之后确保这些基础设施迅速恢复。这些至关重要的公共服务包括道路、铁路、机场、医院（洪灾之中尤其重要），以及公共事业（如供电、供水和下水道）。此外，还需要特别关注那些可能会严重加剧洪灾危害的工厂和设施，如核电站和化学工厂。

在荷兰，最近几年主管部门再次强调"关键而且易损的"基础设施的重要性。在三角洲计划中，决策者一致认为，洪水来临时，应注意保护13种"关键而且易损的"基础设施。其中包括能源生产与分配、电信、交通以及化学和核电工厂等公共服务。三角洲计划的总目标是到2050年前，全面改进荷兰治水状况，增加抗洪能力，而针对关键而且易损的基础设施采取的措施是这个总目标的一部分。今后数年间，对所有13类基础设施的研究将让人们对实际风险状况有更清醒的认识。这些研究相互关联，因为很多因素互为因果，把不同的网络联系在一起。如果能源网络失效，就会严重影响水泵的运行，导致积涝严重。如果交通体系瘫痪，则会严重影响医疗设施的运作。研究人员正在采用试验项目调查这种相互关系。据估计，决策者会为选定的公共服务部门制定实际目标，并要求它们在2050年前对基础设施采取适应性措施。可以把适应性措施所需投资纳入现有的网络维护和更新循环，借以节约成本。

荷兰还在讨论阶段，但是英国已经开发出先进的操作方法。

在英国，关键基础设施系统是一个复杂的，相互联系的系统。为了降低这些基础设施的自然灾害易损性，必须增强它们的抗灾能力。国家基础设施抗灾能力计划强调抗灾能力的重要性，鼓励执行方将其视为基础设施、供应和分配系统以及业务规划中不可分割的一部分。该计划由民事应急秘书处主导，2011年3月正式启动。它鼓励各组织提高其网络和系统的抗灾能力，灾害之中能够吸收冲击，之后能够迅速恢复。

抗灾能力由如下各个要素组成：阻抗性、可靠性；冗余性和应对和恢复。阻抗性强调提供保护以避免损失或破坏。可靠性确保基础设施（要素）按其固有设计，能够在多种不同条件下运行，并且能缓解灾害带来的损失或损耗。"冗余性"则体现在备用装置和备用容量的配置上，得益于冗余配置，系统能在灾害发生时将操作任务分流或转移到网络的其他部分，以确保持续性。响应和恢复指的是，在灾害发生之前做好规划、准备和操练，确保系统能够迅速有效地应对破坏性灾害，并快速恢复。

相关部门还编写了计划指南，详细解释这种抗灾模式（内阁办公室，2011）。它同英国关键基础设施的所有人和操作人员分享先进操作方法，并向他们提出建议，以提高基础设施资产的安全性和抗灾能力。必要情况下，监管机构会给予适当的支持，但是该指南并未成为附加规范或标准的一部分（亚历山大等，2016）。

13.4 如何从过去的洪灾中吸取经验教训?

第 10 章已经介绍过"适应性规划"这一概念。政策被视为假设，必须在实践中加以检验，并且根据新知识作出调整。无论洪灾有多大的破坏性，它们也为现有洪水风险管理提供了评估和改进的机会。在这一方面，英国和波兰奉献了两个先进操作方法：英国推行独立审查制度，而波兰在洪灾中找到了改革动力。

13.4.1 对洪水管理和响应开展独立审查（英国）

为了提高洪水治理过程的透明度，强化问责制，并促进学习，英国针对洪水风险管理以及重大灾害应对开展独立审查，并发动公众监督。审查和监督的意义在于为合法性评估作出积极贡献，而不是兴起监视文化，一味指责。议会委员会和国家审计局的屡次审查，还有皮特所作的外部审查，都有助于提高透明度，强化问责制。过去，这些独立审查和特别委员会发现，警报部署效率低下，事倍功半。得益于皮特审查，英国于 2009 年成立环境署/气象局联合洪水警报中心（第 12.2.1 节）；发布正式规定，明确和地表洪水相关的责任；最终出台了规范性更强的法律，即 2010 年《洪水和水法案》

根据 2010 年《洪水和水法案》的规定，各地方成立了监督委员会，负责评估地方洪水风险管理策略。但是有证据表明，英国有些地方并未依法成立这一组织。总之，这些机制为制度性学习和改进当前洪水治理和实践创造了条件（亚历山大等，2016）。

13.4.2 洪灾成为变革契机（波兰）

1997 波兰千年洪灾推动多项变革。洪灾之前，波兰主要以社会和经济问题为重心。1997 年洪灾之后，洪水问题再次被提上城市议程，成为市民关注的焦点。2001 年《水法案》出台，2006 年奥德拉河计划（1999 年开始筹备）启动，这些新机制推动了规划和组织的重大变革。1997 年洪灾期间，沃克劳市深受影响，超过 30% 的地方被洪水淹没。洪灾之后，沃克劳市下大力气治理洪水。波兰全国都存在堤坝工程和排水系统退化的问题，沃克劳地区针对这一问题，采用了综合性更强的治理措施，并以此为基础，为全地区制定了整体防洪方案。1997 年结构性改革之后，沃克劳地区危机管理水平显著提高，在应对2010 年洪灾时准备更为充分。

重要洪灾之后，地方和国家也开展审核。一般来说，除简要分析洪灾产生的原因之外，主要审核防洪和排水基础设施的表现，以及参与洪灾响应的执行方的表现。事实证明，这种审核意义重大，因为主管部门能够从过去的洪灾中吸取经验教训。但是，我们应该强调，为了培养洪水适应能力，不能被动地，毫无章法地学习，必须积极主动，坚持不懈地学习，而且为未来的变化做好准备（马特扎克等，2016）。

参 考 文 献

Alexander M，Priest S，Micou AP，Tapsell S，Green C，Parker D，Homewood S（2016）Analysing and evaluating flood risk governance in England – enhancing societal resilience through comprehensive and aligned flood risk governance. STAR – FLOOD Consortium，Utrecht.

Cabinet Office（2011）Keeping the country running：natural hazards and infrastructure. Civil Contingencies Secretariat. Cabinet Office；London DG Environment（2014），Study on Economic and Social Benefits of Environmental Protection and Resource Efficiency Related to the European Semester，ENV. D. 2/ETU/2013/0048r，Final version.

Defra（2013）Securing the future availability and affordability of home insurance in areas of flood risk. A consultation seeking views on the Government's proposals for securing the availability and affordability of flood insurance in areas of flood risk. Defra，London.

Ek K，Goytia S，Pettersson M，Spegel E（2016）Analysing and evaluating flood risk governance in Sweden – adaptation to climate change? STAR – FLOOD Consortium，Utrecht.

Kaufmann M，Van Doorn – Hoekveld WJ，Gilissen HK，Van Rijswick HFMW（2016）Analysing and evaluating flood risk governance in the Netherlands. Drowning in safety? STAR – FLOOD Consortium，Utrecht.

Larrue C，Bruzzone S，Lévy L，Gralepois M，Schellenberger T，Trémorin JB，Fournier M，Manson C，Thuilier T（2016）Analysing and evaluating flood risk governance in France：from state policy to local strategies. STAR – FLOOD consortium，Utrecht.

Matczak P，Lewandowski J，Choryński A，Szwed M，Kundzewicz ZW（2016）Flood risk governance in Poland：looking for strategic planning in a country in transition. STAR – FLOOD Consortium，Utrecht.

Mees H，Suykens C，Beyers JC，Crabbé A，Delvaux B，Deketelaere K（2016）Analysing and evaluating flood risk governance in Belgium. Dealing with flood risks in an urbanised and institutionally complex country. STAR – FLOOD consortium，Utrecht.

词 汇 表 *

Actor（执行方）：指在划定的领域内，依据具体的行业规则，有权采取行动（或有权阻止他人采取行动）的单位或个人。在制定策略的过程中，决策结果会牵涉到各执行方的利益，有时候，由单个或多个执行方做出的决定并据此采取的措施会对各执行方造成影响。

Adaptive capacity（适应能力）：指应对实际或预期外部变化的能力，具备这种能力，就能持续学习，调整自然或人工系统，发挥趋利避害的功效。

Bridging mechanisms（桥接机制）：是为打破条块分割，形成协力而采用的所有工具和方法的总称。其具体做法为综合运用各种洪水风险管理策略，加强来自不同领域内公共和私营执行方的沟通合作，确保各级决策者齐心合力，优化洪水综合治理。

Capacity to resist（阻抗能力）：指特定地区内自然和人工系统的降低洪水概率或风险的能力。

Capacity to absorb and recover（吸收和恢复能力）：指特定地区内自然和人工系统应对洪水的能力。具备这种能力的系统能够减轻洪灾造成的损失，缓解灾情，迅速恢复。

Consequences of flooding（洪灾后果）：指洪水造成的经济、社会或环境损害（效益），包括伤亡和人员损失。

Disaster management or Emergency management（灾害控制或应急管理）：指在危急时刻为实施人道主义救援而进行的资源和职责管理，其中最突出的是为减轻灾害影响而采取的准备、响应和恢复等救援措施。

Discourse（话语）：各种相互联系的陈述、思想、概念、类别以及叙事的总称，话语在可识别的传统习俗中产生并复制，人们用它来解释社会和物理现象的意义。

Economic efficiency（经济效率）：指对财政资源的高效运用，以期望产出和投入比为依据。

Efficiency or Resource efficiency（效率或资源效率）：指对资源的高效运用，其中包括财政、技术和人力资源，以期望产出和投入比为依据。

Exposure to floods（洪泛区内要素分布）：指在可能被洪水影响的地方的人员、经济、社会或文化资产和活动，生计、环境服务和资源分布，以及社会或自然系统其他要素的分布。

EU Floods Directive（欧盟《洪水指令》）：指欧盟议会和理事会发布的2007/60/EC号洪水风险评估和管理指令，该指令于2007年11月26日生效。

EU Water Framework Directive（欧盟《水框架指令》）：指欧盟议会和理事会发布的

2000/60/EC 指令，该指令为水政策领域内的共同行动制定了框架，并于 2000 年 12 月 22 日生效。

Flash flood（闪洪）：指强降雨在地势险要的集水区内造成的洪水，伴有急速径流。洪水迅速发生，响应时间短促。

Flood defence（洪水防御）：旨在降低洪水概率的策略，其中包括兴建防水基础设施，如堤岸和围堰，扩增现有水渠的容量，增大水流空间，为上游持水创造空间。

Flood preparation and response（洪灾准备和响应）：指为减轻洪水暴发造成的后果而采用的策略，具体方法包括洪水预警、灾害控制和撤离。

Flood recovery（洪灾恢复）：指洪水过后帮助灾区迅速恢复的策略，包括重建计划以及补偿和保险制度。

Flood risk（洪水风险）：洪水发生概率、洪灾后果以及洪灾风险构成函数关系式。同样，洪水风险和另外 3 个变量（洪灾隐患、洪水易损度和要素分布状况）也构成函数关系式。

Flood risk management（洪水风险管理）：指降低洪灾风险的活动，包括风险分析、风险评估、确定并实施防洪措施，还包括其他应对洪水风险的行为。

Flood risk management strategy（洪水风险管理策略）：指具体的、各种以目标为导向的方法，用以降低洪水风险，或是应对洪灾。本书着重介绍五种洪水风险管理策略：洪水预防，洪水防御，洪灾缓解，洪灾准备和响应，洪灾恢复。

Flood risk governance arrangement（洪水治理部署）：指所有政策领域内和洪水风险管理相关的执行方之间的互动（操作方法和过程）、他们的主导话语、正式和非正式规则、执行方的权力和资源基础。

Flood risk mitigation（洪水风险缓解）：指在易受灾地区内采取各种措施以缓解灾情或减轻洪灾后果的策略，如在易受灾地区之内或是之下蓄洪，洪水分区，或通过相关法规推广防洪建筑。

Flood risk prevention（洪水风险预防）：指采取各种措施，减少洪泛区内人员和财物等要素的分布，以减轻洪灾后果的策略，如禁止或劝阻洪泛区内的开发活动（空间规划、再分配政策、征用政策）。

Fluvial flooding（河流洪水）：指河流或季节性融雪洪水。

Good practice（先进操作方法）：指经实践检验，能够在不同环境之中实现洪水风险管理目标的有效方法，包括各种项目、机制或其他办法。

Governance（治理）：指用以做出并实施决策的、具有导向作用的成套过程和操作方法，相关决策人员必须承担责任。详见"洪水治理部署"。

Hazard（灾害）：可能造成伤害（牺牲、受伤、财物损失、生计和服务损失、社会和经济破坏、环境损害）的实际事件或人员活动。

Legitimacy（合法性）：指在某一领域拥有某种形式的权力，且该权力诉求得到权力客体的承认。合法性包括问责制、透明度、社会公平、参与度、信息获取渠道、程序正义和可接受性。

Pluvial flooding（暴雨洪涝）：指局部降水造成的洪水。

Probability of flooding（洪水概率）：指洪水发生的概率，往往用周期表示。如洪概率为 1∶100，意为百年一遇的洪水。

Resilience to flooding（抗洪能力）：指在特定地区内，自然和人工系统抵御洪水破坏，保持基本结构巩固，并且维持正常运行的能力。抗洪水能力包括洪灾防御、吸收、恢复能力，以及适应调节能力。

Resource（资源）：指可供单位或个人为行使权力管理洪水风险而调用的资金、材料、人力、知识和其他资产储备和供应。

Risk（风险）：参见"洪水风险"。

Rules（规则）：指正式或非正式规定或限制，明确什么事能做，什么事必须做，什么事不能做，其中包括社会规范、正式或非正式协议、法规和强制执行机制。

Solidary（一致性）：指团体具有凝集力，以共同利益为基础，追求共同目标，满足共同标准。就洪水风险管理而言，一致性指共同的安全标准，以及公民平均分摊救灾或恢复成本。

Subsidiarity（分权原则）：指主张将决策权尽量下放至基层，高层则负责必要的合作和协调工作的原则。

SuDS（可持续城市排水系统）：指采用自然方法，延缓从物业或其他开发区排出的流水速度的新型排水系统。

Tidal flooding（潮汐洪水）：指海洋风暴潮引发的洪水。

Ultimate aim（终极目标）：指洪水风险管理最终目标。本书中，我们将其细分为抗洪能力、效率和合法性等 3 项目标。

Vulnerability to floods（洪水易损性）：指特定地区内自然和人工系统面临洪水时，无力防御，可能遭受损失的程度。